李燕杰教授

李燕杰教授和夫人齐绍华老师

李燕杰教授和巨海集团董事长成杰先生

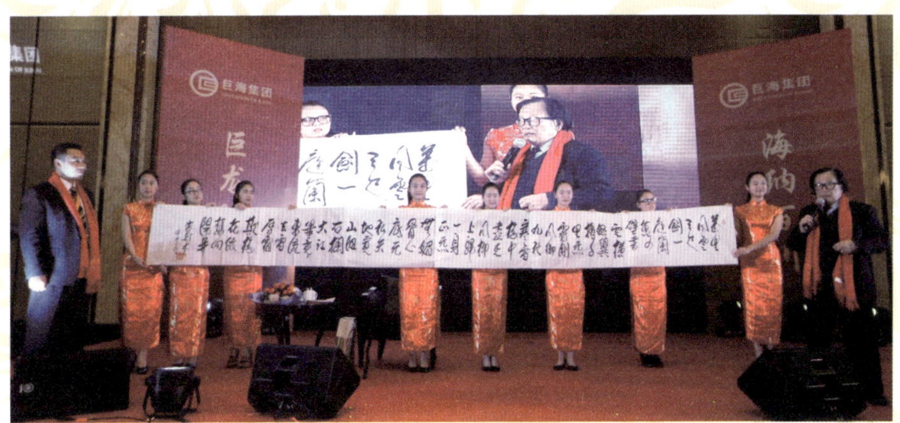

李燕杰教授参加巨海集团六周年庆典展示书法

李燕杰教授授予成杰：爱国教育成就勋章、“中国梦”演讲艺术勋章

南怀瑾和李燕杰教授

文怀沙和李燕杰教授

冰心和李燕杰教授

贺敬之和李燕杰教授

舒同和李燕杰教授

张岱年和李燕杰教授

艾青夫妇和李燕杰教授

姚雪垠和李燕杰教授

曹禺和李燕杰教授

牛满江等和李燕杰教授

航天英雄杨利伟和李燕杰夫妇

学诚法师和李燕杰教授

西昌市巨海李燕杰希望小学剪彩仪式

西昌市巨海李燕杰希望小学剪彩仪式

 西昌市巨海李燕杰希望小学

落成剪彩仪式视频

李燕杰
谈人生智慧

成 杰◎著

四川人民出版社　时代光华
Times Bright CreSuccess

图书在版编目（CIP）数据

李燕杰谈人生智慧 / 成杰著 . —成都：四川人民出版社，2017.5
ISBN 978-7-220-10070-3

Ⅰ . ①李… Ⅱ . ①成… Ⅲ . ①人生哲学—通俗读物
Ⅳ . ① B821-49

中国版本图书馆 CIP 数据核字（2017）第 051294 号

LIYANJIE TAN RENSHENG ZHIHUI

李燕杰谈人生智慧

成杰　著

责任编辑	王　茴　薛玉茹
特约编辑	刘江娜
封面设计	回归线视觉传达
版式设计	冉　冉
责任印制	张　辉
出版发行	四川人民出版社（成都槐树街 2 号）
网　址	http://www.scpph.com
E-mail	scrmcbs@sina.com
新浪微博	@ 四川人民出版社
微信公众号	四川人民出版社
发行部业务电话	（028）86259624　86259453
防盗版举报电话	（028）86259624
照　排	冉　冉
印　刷	北京市平谷区早立印刷厂
成品尺寸	145mm × 210mm
印　张	9
插　页	10
字　数	171 千字
版　次	2017 年 5 月第 1 版
印　次	2017 年 5 月第 1 次印刷
书　号	ISBN 978-7-220-10070-3
定　价	39.80 元

序一

风采三秋明月，

文章万里春光。

《李燕杰谈人生智慧》一书，是我最年轻的弟子成杰的新作，这是他近年来研究我从教历程的心血结晶，开头的两句诗是我对他及这本书的评价。

我今年 87 岁了，再过一年就到了米寿之年，回忆过去的岁月，我于 1977 年 1 月 25 日率先走上社会演讲的舞台，至今我已在海内外 880 多个城市演讲 6000 多场，人们说我的足迹几乎遍及世界各大国、著名的大城、名牌大学，我的演讲内容涉及人生诸多方面，伴随演讲，已经出版了几十本书，其中最有影响力的是 1982 年出版的《塑造美的心灵》，以及那个时期出版的《和青年谈美》《谈美小札》《爱心慧语》等，这些书几乎都是畅销书。《塑造美的心灵》不仅在中国大陆出版，也在中国台湾出版，不仅在大陆获奖，也在中国台湾获奖。

成杰的这本书是探讨关于人生与智慧的书，是我曾经出版过的这些书的精华。特别值得一提的是在这本书中，有成杰同志的感悟，这是一个创举：老少结合，雅俗共赏，相得益彰。

成杰写这一套书，不是为了摆在高楼深院，束之高阁，而是为了像我的演讲那样走出象牙之塔，奔向十字街头，给那些追求人生哲理的人做共同研讨之用。

写到这里，我顺便说说我从教 60 年、演讲 40 载中，收到的 18 万封信件，在不同的时期，信中的重点不同。

“文革”后第一阶段，青年听众来信多为“失”字号，信中倾诉“文革”十年之苦。失学、失业、失意、失望、失败、失恋、失身、失魂……信中强调“要把‘十年’的损失找回来”。

1982 年左右，青年来信，多为“求”字号。求真、求善、求美、求上大学、求出国留学、求读 MBA，这时青年人对我讲：您的演讲很给力。

1989年后，青年来信多为“超”字号。要超越自我、超越历史、超越现实、超越专家、超越学者、超越父辈，这时他们希望和我们并肩作战，一同前进。

后来，广大青年来信着力讲创造，出现了一大批“创”字号青年，要创新、创造、创建，要创造奇迹，要在自己的岗位上当创客。

近年，青年来信又多为“智”字号，讲智慧、智能、智力，总之要以高科技、高创新为社会多做贡献，我们从他们身上看到一种巨大的创造力、创新力。我们为此而高兴。成杰同志编写的这本书，基本上反映了我这些年的演讲内容。

我们把这40年中我谈人生智慧的内容编写成书献给大家，目的是与大家共同勉励，为在“两个一百年”实现中国梦、强化正能量、唱好主旋律。

这些年，我们深深地感到我们的工作，要上接天线，下接地气，中通人心。如王阳明《传习录》中所言：身之主宰便是心，心之所发便是意，意之本体便是知，意之所在便是物。

习近平同志曾引：身之主宰便是心。并讲：“本”在人心，内心净化，志向高远，便力量无穷。

这本书可以说是《塑造美的心灵》的继续，但愿它可以起到重塑美的心灵的作用。

最后，我还想补充一句：

落红不是无情物，

化作春泥更护花。

李燕杰

2016 年 11 月 16 日凌晨 4 时

于神州智慧传习馆

序二

对一个人来说，丰富的人生智慧是不可缺少的。

人存在于社会中，无法游离于社会之外，具备丰富人生智慧不可或缺。社会中的生活非常复杂，想要生活得好，就要虚怀若谷地学习很多人生智慧。这样，才能明白人生的道理，活得幸福自在。

比如，生活中的很多事情都会让人感到无比纠结。职场上的职务高低、待遇薄厚、跳槽与否，生活中的物品购买、子女沟通、邻里往来……如果你掌握了人生智慧，拥有积极乐观的人生态度，拿得起、放得下，就可以活得豁达，不会“活得累”。

再如，人们面对生活中的很多诱惑都无法抵御。有的人对自己所处的境况总是欲求不满，迷失在对金钱的无限攫取之中，甚至坠入违法犯罪的深渊。这时，必须学习人生智慧，提高道德修养，即古人所说的“修身”。你只有领悟到人生智慧的精髓，才能够正确处理“利”与“害”的关系，不会因为贪婪而化“利”为“害”。

或许，有人会说：“我自己能琢磨清楚这些道理，不需要别人的教导。”可是，“当局者迷，旁观者清”，同样是人生智慧，一位智慧长者的谆谆教诲，比自我参悟更能快速触及人生智慧的核心。

在此，我要向大家郑重推荐一位学识渊博、思想睿智的智慧长者——李燕杰老师。

李燕杰老师是我的恩师，也是一个时代的典范。在那些“60后”的成长道路上，李燕杰的思想如阳光和雨露一样滋养过他们的灵魂。在改革开放之后，李燕杰作为演讲大师和心灵导师，以其风趣、智慧的演讲风靡全国，令广大中国人如痴如醉。同时，他还是一位卓越的教育家、哲学家、诗人。

李燕杰老师饱读诗书、家学渊源。他生于国学之家，从小接触国学经典，熟读经、史、子、集，特别是自小得到易学大师尚秉和先生、易艺大师李苦禅先生等学问大家的指点，深明易学之理，后来又学了马克思主义，懂得了辩证法。

他学养深厚、谈吐睿智，常常可以“一语点醒梦中人”。

李燕杰老师的经历坎坷、智慧广博。命运给他开的种种玩笑，都成为他从中汲取人生智慧的来源。

他幼年时生活在水深火热中，因为心态平和而豁达，所以是“有艰而无苦”；

他在新中国成立前参加中国人民解放军，在战火中奔波，因为勇敢无畏而幸存，所以是“有战而无伤”；

他在新中国成立后的历次政治运动里受到冲击，却因为处乱不惊、审时度势而化险为夷，所以是“有困而无惑”；

他在改革开放后的演讲中遇到各种风波，因为能泰然处之，所以是“有风而无波”；

他曾遇到了水灾、旱灾，又曾赶上地震、SARS 等，因为能冷静对待，所以是“有灾而无难”；

这些年，他在海内外讲学期间，遇到了飞机失事和车祸，却因为“气和平”“量阔大”“志坚实”而走出困境，所以是“有惊而无险”；

近几年，他从一个健康老人变成癌症患者，但因为在病中能保持平和心态，立志战胜疾病，所以是“有病而无痛”；

他在晚年，又在病中，但因为不断学习、积极工作，所以是“有疲而无倦”；

虽是晚年，虽在病中，他却能孜孜以求、工作无休、获奖无数，立德、立言、立功，所以是“有老而无朽”。

这样一位拥有智慧的老人，怎能不让我们有拜而求知的欲望呢?

这部《李燕杰谈人生智慧》，是李燕杰老师多年的人生经验总结。我相信，读了这部作品，你将会获益匪浅。

成杰

2017 年 1 月

目 录

C O N T E N T S

第一章

志要坚实，有艰而无苦：谈志向

第二章

泰然处之，有灾而无难：谈挫折

第三章

气平心定，有惊而无险：谈心态

第四章

宽大为怀，有风而无波：谈胸怀

第五章

生而知之，有困而无惑：谈人生意义

第六章

博学笃行，有疲而无倦：谈精进

第七章

寸阴必夺，有老而无朽：谈时间

第八章

兰芳碧坚，美满和谐：谈幸福

第一章

志要坚实，有艰而无苦：

谈志向

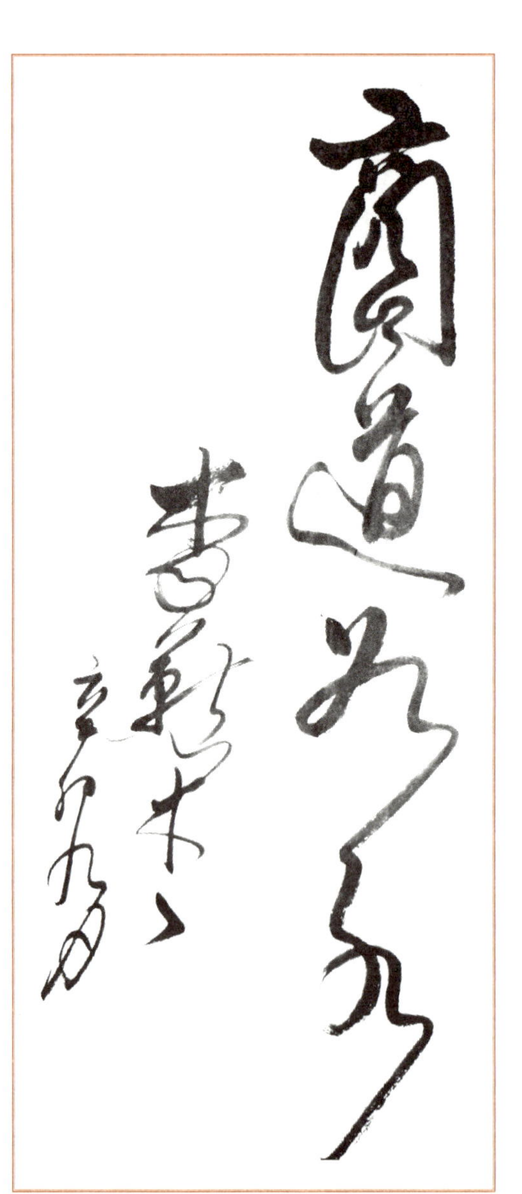

立志：人无志如航海无罗盘

智慧语录

每个人都曾经立下过志向。我最早立志，是在 11 岁的时候。

那是 1941 年，那时的儿童节是 4 月 4 日。我看到报纸上刊登一则“儿童节征文”启事，便兴致勃勃地写了一篇作文寄了过去，题目是《我志愿当教师》。

我在文中写道：我是个男孩子，所以我想当英雄，又因为我出生在文学之家，所以我的第二志愿是当诗人。但我最愿意当一名教师，因为，英雄和诗人都是教师培养的……

直到文章公开发表在晨报上，并且获了奖，我父母才知道我的所作所为。他们看了我的作文，津津乐道，竟然都能背诵出来。

就是这么一篇作文，把我的一生定格在了讲台。因为家庭的影响和教育，我又形成了独特的思维方式。

我的青少年时代，正值国家和民族面临苦难之际。1937 年，生活所迫，我不得不放弃学习，从事各种各样的体力劳动，但是，无论干什么，我脑子里总没忘记当教师的梦想。

所谓“有志者立恒志”。1962 年，我从北京师范学院中文系毕业后，终于实现了成为一名教师的梦想。所以，我认为：**一个人要有远大的理想，“思九州而博大，横四海以焉穷”**。

无论你的一生是平淡或是辉煌，无论是长成大树还是小草，无论变得杰出还是平庸，一切都取决于一个意念，取决于你心中的愿望。你应该相信自己的潜在优势，增强自信心，消除懦弱感。胆小的人真正的敌人是自己。

什么都不懂的人，什么也不怀疑；什么都怀疑的人，什么也不真懂。人生悲剧，却可以唤醒人心中沉睡的潜能，在艰难困苦面前，磨炼出一个普罗米修斯式的英雄。留恋过去，埋怨现实，幻想未来，这也许是许多年轻人的共性。

我主张：总结过去，珍惜现在，创造未来。在黑夜里相信光明将至，在冬天里相信春天将至，在无望里看到希望将至。总之，要看到人生之光，要有生命的向往。天下最大的失望，是有理想而不能实现，有志向却无法达到。

一个人看准了目标，选择了途径，如果没有相应的智力与体力，最终只能落得壮志难酬。这无疑是一种悲剧。**经济窘**

迫、事业惨淡、生活艰难，是“兴奋剂”，必将促使那些决定有所作为的人，挖掘自己的潜力、战胜困厄、取得新的胜利，这是一种自我超越。

一个人在工作上要竭诚尽智、精益求精，但在荣誉与享受上不要过分要求。如果有十件好事，能占三四件就可以了，企图把十件好事全独占了，其结果只能落个失意与失望。

山脉有崎岖坎坷，海洋有波峰波谷，人生有艰难险阻，这些都是自然规律。它让人们懂得世界上没有平静的海、平平的山、坦直的路。

智慧典范

古语云：“有志者事竟成。”千百年来，多少仁人志士成功的经历，都说明一个道理：人要先立大志，而后方能成大器。多少凡夫俗子碌碌无为、虚度年华的经历，也告诉我们每一个人：人无志则不立。

宋代名臣范仲淹是著名的政治家、军事家、文学家，他从小就立下大志向，要辅佐君王，解万民之忧。此后，他便开始了奋斗的历程。

范仲淹两岁便失去父亲，母亲因为贫困而改嫁到长山一位姓朱的人家。范仲淹稍稍懂事后，知道了自己的家世，立志要让慈母过上好日子。那个时候，范仲淹将自己关在屋内，手不释卷，通宵达旦地诵读儒家经典。

范仲淹的生活十分艰苦，过着“断齑画粥”的生活。简单来说，范仲淹每天晚上用糙米煮一盆粥。第二天早晨，粥冻成一坨。他就用刀划成四块，早上吃两块，晚上再吃两块。没有菜蔬，他就切一些咸菜下饭。

正是凭着“断齑画粥”、安心苦读，范仲淹终于实现了自己的志向，金榜题名，高中进士，让母亲过上了好日子。

与范仲淹同时代的另外一位著名文学家，文坛“三苏”中的苏洵，也是位“无志不成功”的典例。

苏洵是世家子弟，家境豪阔。所以，他直到二十多岁的时候，还整天四处游玩，不务正业。家人非常着急，问他有什么志向。苏洵很茫然，回答不出来。

苏洵的哥哥苏涣认为弟弟再这样下去，定会成为一事无成的纨绔子弟。所以他想出一个办法，引导弟弟立下志向。有一天，他便问苏洵说：“你游历了那么多名胜古迹，能不能写点文章，让我看看它们有多么雄奇秀美呢？”苏洵被难住了，他看过不少秀美风景，但是憋在肚子里写不出来，急得满头大汗。

苏涣看到他的窘态后，说：“说说总可以吧。”苏洵就开始用大白话给哥哥描述风景的优美。可是说着说着他发现自己的词汇量缺乏，翻来覆去总是那几个大家用滥了的词。苏涣趁机开始教育他好好读书，给他讲“人无志则不立”的道理。以前总是不耐烦的苏洵终于听进去了，他立下了“学成文武艺，货与帝王家”的志向，不再出去浪荡，而是闭门读书。此后他著书立说，最终成为一代文学名家。

成杰感悟

生活中，我们常常看到：人们做同样的事情，条件一样艰苦，有的人半途而废、一蹶不振；有的人却能坚持前行，直到成功。这都是因为“志”在其中起着重要作用。

有志向的人，如同装备了罗盘的航船，可以在人生的大海上认准方向，劈波斩浪，勇往直前。

志向不是挂在嘴边的口头禅，也不是贴在墙上的座右铭，而是一种牢记于心、实践于行动的誓言。实现志向，需要付出辛勤的汗水，需要时刻不忘初心，善始善终。

“志存高远”是立下志向的指导思想，“宝剑锋从磨砺出，梅花香自苦寒来”是实现志向的指导思想。只有明白了这些，人才能立下实事求是的志向，为了实现志向披荆斩棘，义无反顾。

每个不想虚度光阴并且想有所作为的人，都必须拥有一个坚定的志向。“志不强者智不达”，一切事业的成败取决于有没有合理的志向。确定个人志向，选好人生道路，这是幸福的源泉。

立志，然后为了志向而奋斗，成功就在等待着你！

践志：有志者不怕成败利钝，不怕酸甜苦辣

智慧语录

做难事必有所得，做苦事必有所获。即使有所失，所得也比失去的多。人要取得小胜，靠自己；要取得大胜，需要靠对手。

强者之所以为人所敬，是因为强者的生命就是为取胜。取胜，要靠智慧与实力。没有智慧与实力就没有胜利。战胜艰险，需要思考。人生在世，每前进几步，就要稍事休整，否则灵魂将跟不上前进的脚步。

一个人敢于选择面对艰难，就意味着在选择胜利。相信自己的实力，相信自己不是懦夫，方能战胜艰难。成功的人，往

往是把困难当作阶梯的人。艰难，最欢迎的性格是怯懦；胜利，最需要的性格是一往无前。人不畏死，奈何以死惧之？一个人连死都不怕，还怕困难么？哲人说：失望怕我，我还怕什么？

天再高，只要踮起脚尖一直向上，就会靠近阳光；路再长，只要迈开大步，就会实现理想。面对困难，面对朋友，彼此都是战胜困难的英雄。我们只要选择了成功，就要风雨兼程，管他南来的雨，北来的风。在艰难面前，会有汗水、泪水，而泪水、汗水，是强者取胜的宝贵财富。

当他人遇到困难，打了退堂鼓，而你却咬紧牙关，向前迈进了一步。这时，你就可能成为成功的幸运儿。如果说理想是引航人生的舵，毅力则是遨游人生的桨。沿着正确的方向，坚持到底，就能驶向彼岸。

人生何所贵？所贵在始终。人生以精神贯注而立，大事以一线到底而成。人有了毅力，就有了干劲，加上坚持到底的行动，就是智者。凡事有始有终，方为有成。俗语云：百里为程，九十犹半。即使走了九十九里差一里而停下来，也等于没完成任务。

大凡成就大事业的人，都有这样的特点：“不为穷变节，不为贱易志。”“安危不贰其志，险易不革其心。”东风来了，往西斜；西风来了，往东倒。这种人只能被称为风派，成不了大事。

“靡不有初，鲜克有终。”这是《诗经》中的两句诗，《老子》中也讲：“慎终如始，则无败事。”这些都是智者的经验之谈。人生在世，一靠运气，二靠勇气，三靠人气。人活着靠运气，活下去靠勇气，活得潇洒而有意义，要靠人气。

有了运气，即使赶上了天时、地利，但无勇气又无人气，仍将一事难成。不要诅咒命运，大凡成功者都懂得要做命运的主人。参加马拉松比赛有成千上万的人，只有坚持到底、第一个冲破终点线的人，才是冠军。

高山之美在险峻，人生之美在毅力。西方一位成功企业家的办公室里有这样一则座右铭：在世界上，毅力是无可替代的——才能无法代替它，有才能却失败的是蠢材；天才无法代替它，没有抱负的天才是蠢材；教育无法代替它，世界上到处有受教育的废物；只有毅力和决心才是无所不能的。

成功是胜利。在到达成功之前，面对各种阻力，坚持，再坚持，才能从胜利走向胜利。

懂得往哪儿走，是高明；懂得如何走，是聪明；懂得明确方向后，立即行动，并坚持到底，才能成功。坚持，才能战胜对手；坚持，才能战胜环境；坚持，才能战胜自我；坚持到底，战胜一切应当战胜的，才能走向成功的彼岸。

在困难面前，当别人迟疑不前时，你却能坚持前进，而且能够胸有成竹地稳步前进，你就可能成功。坚持，需要理念。只有形成正确而能付诸实践的理念，才能在坚持的过程中趋于成功。坚持，绝不在“平原”。“打虎必须上高山”，在山林之中，在老虎面前，能一往无前，并能以智取胜，方能成功。坚持，需要有坚持的实力，既弱智又贫血，到关键时刻，则无法坚持，也无法胜利。

个人也好，集体也好，都需要不断地“补益”。贫血，需补血；弱智，需健脑。只补血不健脑，必导致“巨人症”，结果四肢发达，头脑简单。只健脑不补血，会导致“侏儒症”，结果头脑发达，四肢短小。

在小困难面前，靠自己坚持；在大困难面前，靠群众坚持。群体，要有共同意志，共同纪律。要成功，必须做到全面提高。要头脑发达——有智慧；要四肢发达——有健康。只有如此，才能成为走向成功的巨人。

智慧典范

世界篮球明星，美国 NBA“飞人”迈克尔 · 乔丹，从小就迷恋篮球，抱有“成为 NBA 球星”的志向。在实现理想的征途之上，他历尽艰险，百折不挠。

乔丹在高中篮球队打球时，受到了一次令他终生难忘的挫折。某个学期初，他被淘汰出局！乔丹沮丧无比，放学回家后，把房门关上，大哭了一场。在赛季快要结束时，乔丹鼓起勇气去找教练，他请求搭车随队观看比赛，并且答应为上场队员服务。

利用这个机会，乔丹为了提高技艺，苦练了一年。在这一年里，乔丹每天要练习 4 个小时，训练结束后，他还自己加练。长时间的刻苦训练让乔丹练就了极为扎实过硬的基本功。校队再也无法拒绝他了。

后来，乔丹因为卓越的球技，在 1984 年如愿成了 NBA 球员。此后，他依然面对着很多艰难困苦，但是他没有退缩，逐一克服。

最初，乔丹的征途并不顺利，他所在的队伍在季后赛中被屡次淘汰。乔丹针对自己身体不够强壮的弱点，发疯般地锻炼上肢肌肉。

正是因为乔丹在践行志向的路上，不怕成败利钝，不怕酸甜苦辣，才得以飞跃巅峰——乔丹在 2003 年正式宣布退役时，已经是带着 6 个总冠军 MVP（美国职业篮球联赛最有价值球员奖）、10 个得分王和 14 次全明星荣誉的巨星了。

世界体坛明星，中国著名乒乓球冠军邓亚萍，也是一个不畏艰难、力行践志的成功典范。

童年的邓亚萍，受到体育教练父亲的影响，立志做一名优秀的运动员。她跟父亲学起了乒乓球。父亲规定：每天在练完体能课后，还要做 100 个发球接球的动作。

当时邓亚萍虽然只有七八岁，但没有叫苦叫累，因为她明白，为了实现理想，需要付出比别人更多的努力。

她为了能使自己的基本功更加扎实，便在腿上绑上沙袋，把乒乓球拍从木头的换成了铁的。小小的女孩儿，闪、展、腾、挪，一次次挥拍……腿肿了，手掌磨破了，就连对女儿严格要求的父亲，都会心疼得掉眼泪。但她从不叫苦、喊累。

由于邓亚萍的执着训练，她一路成长，攻坚克难，进入国家队。

在国家队，邓亚萍并没有懈怠。每天，她都超额完成自己的训练任务。在进行多球训练时，教练的球像连珠炮弹一样打来，邓亚萍每次都全神贯注地接球，一接就是 1000 多个。每节训练课下来，邓亚萍的衣服、鞋袜都湿透了，甚至连地板也会浸湿一片。她不得不换衣服、鞋袜，甚至换球台再练……

长时间进行大运动量、高强度的训练，导致邓亚萍的身体有多处伤病。但是，她咬牙坚持，数年如一日。就在这样的奋斗之下，邓亚萍成功开启乒乓球“邓亚萍时代”。

成杰感悟

有志者，在实践志向的路上大步奔走，不怕成败利钝，不怕酸甜苦辣。

我从小就立下一个志向：大丈夫生于世间，当顶天立地，有所作为。当我跨入演讲的门槛后，我觉得找到了能让自己“有所作为”的行业。为了实现这个志向，我决心让自己不断前进，并且心甘情愿地为之付出最多的汗水、最大的努力。

那段岁月，我每天早上6点钟起床，做完101个俯卧撑，就跑到出租屋后面的一座山上练习演讲，我站在山顶上，对着万里碧空，大声喊出自己的人生目标。数十年如一日地坚持下来。

那段岁月，我连续101天，跑步3公里，过外白渡桥，来到黄浦公园的外滩广场。在公园里，我找到一个最为开阔的位置，面对着波光粼粼的江水，练习演讲两个小时，风雨无阻。即便面对众多晨练者们投来的异样眼神，我也没有放弃过。

正是这样的磨炼，让我在之后的创业过程中，不畏艰难，一步步成长和提高，并且最终收获了职业生涯里的丰硕成果。

蹊径：只会踩着前人的足迹是无法找到世外桃源的

智慧语录

中国有个成语叫作“另辟蹊径”，讲的是另外开辟一条路，比喻另创一种新风格或新方法。

一个人生活在世界上要善于另辟蹊径，如果只会踩着前人的足迹前进，是无法找到世外桃源的。从没路的地方走出的路，才是新路。敢于向荆棘丛生处迈出第一步的人，才是值得敬佩的人。

世界上没有完全相同的两片叶子。人生在世，每个人都生活在矛盾中，既要看到彼此的异，又要看到彼此的同，同中有异，异中也有同。善于求大同存小异的人，生活中就会少些无谓的冲突，多些欢乐。

信心之火，信念之火，信仰之火，是需要助燃的，即使燃起之后仍需要不断地加油，听一支美好的歌曲，读一首好诗，听一次激发前进的演讲，就可能把火燃得更旺。

自私、嫉妒、颓丧、失意，是不利于身心健康的，它们是精神的细菌，侵蚀人的心灵。我们要善于用精神之友来驱除精神之敌。人之初，性本善。然而，社会往往把相反的东西也教给了人们，使人在成长过程中增添了某些恶习。

在这里我要告诉人们：行善虽然未必得到幸福，但作恶肯定没有好结果。在遭到厄运的时刻，回忆幸福是一种痛苦；在幸运到来时，回顾过去的不幸遭遇，会感受到更大的幸福。生活在幸福之中的人，很难理解别人的不幸；遭遇过不幸的人，往往更加同情他人的不幸。

帝王宫廷的歌舞欢乐，往往是表面虚伪的，忧愁却是隐蔽而真实的。穷人家，展开笑颜时反倒常是真情实感。从来都没感受过幸福的人，或许并不是真正的不幸；只有那些曾经幸福过，却又失去了幸福的人，才会真正感到不幸。

当你身处幸福的时候，不要忘记世上还有许多不幸的人。有些人直到死神降临时，才想到用自己的财富去帮助处于困境中的人。其实，这是用别人的财富去施舍，已经失去了助人为乐的本来意义。

当你自己得到幸福时，不要忘记那些把心献给你的人。当那些把心献给你的人的心都冷却了的时候，你将失去一切。遭遇到失败的痛苦，不一定全是坏事，坏事往往能生出好的结果。经历失败与痛苦后，你将更明白事理，这也许是值得珍视的规律。

战胜了困难，实现了理想目标，是值得庆幸的，但绝不能停滞不前。因为，在竞赛中达到第一个目标，仅仅是第二个目标的开始。人是有巨大潜力的，当遇到常人难以忍受的磨难时，善于挖掘自己潜力的人，方能展示自己的才华，显示出自己的力量。正如璞玉经过锉削琢磨之后才显示出内蕴的光华。

依赖是没有出息的。俗话说：靠山山倒了，靠人人跑了。翻开人类历史，我们可以清楚地看到，那些过分依靠别人的人将一无所成；相反，那些摆脱束缚，脱离靠山的人却能成就大事业。

智慧典范

《聊斋志异》是我国古代优秀的文学作品，堪称文言短篇小说的经典之作。它的作者蒲松龄就是一个“另辟蹊径”而成功的典型。

蒲松龄和同时期的中国读书人一样，渴望通过科举改变命运，“朝为田舍郎，暮登天子堂”。可惜，命运并不青睐这个勤奋刻苦的读书人，让他连续四次在科举考试中落榜，白白耗费了十几年的光阴。在多次落榜后，蒲松龄认真地思考自己的前途。最终，他放弃了考取功名的念头，决定另辟蹊径，找到适合自己的人生之道。

有了这个信念之后，蒲松龄便开始了另一种生活：茶水换故事。他花钱置办了一些桌椅，在自家门口支起一个茶摊，每天供过路人喝茶解渴。然而，他的原则是：如果喝茶人能讲出一些自己没有听过的故事，那么喝的茶不收钱。

每天路过的人络绎不绝，蒲松龄就笑吟吟地听他们讲述奇闻逸事。然后，他记录下听到的故事，晚上回家便将这些整理成文字。当十里八乡的人们知道蒲松龄这个习惯后，都愿意到他这里来喝茶，也纷纷对他讲些自己听到的鬼狐仙怪的传说。

时间一天一天地过去，随着来蒲松龄这里喝茶的人越来越多，他搜集到的故事也多了起来。在历经 20 多年的搜集、整理后，蒲松龄以自己听到的这些传奇故事为素材，写成了短篇小说集《聊斋志异》。蒲松龄也因为这部作品而流芳百世。

在国外，也不乏另辟蹊径而成功的事例。

在 19 世纪中叶，美国的加利福尼亚州发现了金矿。这个消息使众多淘金者蜂拥而至。20 岁的约伯 · 坎贝尔也是这些梦想着靠淘金改变自己命运的人之中的一员。可是，加州当地气候干燥，水源奇缺，淘金者在口渴时想找点水喝，却异常艰难。加上遍地都是淘金者，大家的生活越来越艰苦。许多不幸的淘金者不但没圆梦，反而丧身于此。

坎贝尔和大多数人一样，不仅没有发现黄金，反而被饥渴折磨得半死。他越来越没有信心，就开始琢磨着另辟蹊径。听着周围人对缺水的抱怨，坎贝尔想：淘金那么难，我为何不卖水呢？于是，坎贝尔毅然放弃淘金的努力，用挖金矿的工具挖水渠，将远方的河水引入水池后过滤，成为清凉可口的饮用水。然后，他一壶一壶地把水卖给找金矿的人。

当时，很多人嘲笑坎贝尔，说他算不清楚账：“卖水才几个钱？比得上淘金吗？”坎贝尔毫不在意，继续卖水。许多淘金者没有发财，甚至丧身异乡，可是坎贝尔却依靠卖水而成为腰缠万贯的富翁。

成杰感悟

在演讲中，我喜欢分享这样一个故事：

古代亚细亚，在有千年历史的神庙里，曾经保存着一个传说——古代王者系的复杂的绳结，人称“神秘之结”，谁能解开它，谁就会成为亚细亚王。当时，各国的政治家们都试图解开这个结，却不知该从何处着手。

马其顿的亚历山大大帝进兵亚细亚，他特意去看这个“神秘之结”，也始终找不到入手之处。这时，他突然想到：我为什么不用自己的方式来打开这个绳结呢？于是，他拔出剑，把“神秘之结”劈成两半……千古之谜，就这样意外地被破解了。

这个故事告诉我们：成功不止一条路。有时候另辟蹊径，正是成功的最好方式。就像是大家走过的路，不会有果子留下来。成功需要我们独辟蹊径，走别人尚未走过的路。

我们之所以想不到（或不敢想）另辟蹊径，往往是因为惯性思维的约束，或是缺乏魄力，不敢尝试。另辟蹊径是件说起来容易，做起来难的事，需要我们打破常规，细心分析，从而在寻常的环境下发掘出全新的道路，走向成功。

精进：第一个目标仅是第二个目标的开始

智慧语录

在古希腊神话中，有一个“西西弗斯推石头”的故事。

西西弗斯受到神的惩罚，被迫要推一块石头上奥林匹斯山。每天，西西弗斯都费尽全力，把石头推到山顶，可是到了晚上，石头又会自动滚下来。第二天，西西弗斯只好再次努力。就这样周而复始。西西弗斯始终没有屈服，总是兢兢业业地推着石头。因为他已经把推石头上山看作自己的责任和事业，一次次坚持下来。

无独有偶，在中国古代传说中，也有“吴刚伐桂”的故事。

吴刚受玉帝的惩罚，被迫在月宫砍伐桂树。他每砍一斧子，树的伤口立刻就愈合。因此，尽管吴刚日复一日、年复一年地卖力气，桂树依然没有被砍倒。但是吴刚仍然兢兢业业地砍着树，因为他把砍伐桂树当作自己一生的事业，坚持下来。

这两个故事，让我们知道了：在东、西方的文化里，“奋斗不止”都是受到推崇的精神。

人生是短暂的，所以，如何在短暂的人生中活出精彩，成就一番事业，是我们关心的一个问题。人生的意义在于奋斗，生命不息，奋斗不止。人生的奋斗历程就是不断抵达一个又一个的目标，第一个目标仅是第二个目标的开始。

奋斗的人生是精彩的，纵然荆棘满路、崎岖坎坷，然而只要坚持下来，最终收获的是成功的喜悦。正是因为有了风雨的洗礼，我们才能看见美丽的彩虹。**生命的意义不在于延伸它的长度，而在于扩展它的宽度，在有限的生命中做出有意义的事情。**

攀登人生巅峰的道路，永无止境。攀登的道路往往是崎岖不平的。有时候，我们越是努力和命运抗争，遇到的阻碍、艰险就越多。有的地方，有前人走过，有同行者的足迹；有的地方，却是一片荒凉，需要我们自己去开拓。

这就要求我们必须锲而不舍、吃苦耐劳，要有战胜艰难困苦的雄心壮志，要在前人的基础上有新的突破，开拓新的境界。

昨天已成过去，往事不可追；今天就在眼前，大步向前行！我们只有脚踏实地把握今天，才能更好地憧憬明天。我们心中，始终要明确目标，在瞬息万变、日新月异的新时代，迎接挑战，超越自我，勇往直前，才能实现一个又一个的目标，最终攀上人生成功的巅峰。

智慧典范

许多成功的人，在他们的一生中，为自己树立了很多目标，然后一个个去实现。他们在实现了一个目标后，绝不会骄傲自满，绝不会止步不前。因为他们知道：第一个目标仅是第二个目标的开始。这些成功的人之中，最典型的莫过于体育竞技的运动员们。

刘翔是世界知名的田径运动员，被称为“风之子”的他堪称中国人的骄傲。他的职业生涯，最为耀眼的光芒，就是不断实现一个又一个目标，打破一项又一项的纪录。

2001 年，进入国家队不久的刘翔开始初露峥嵘。他先后在全国田径锦标赛、日本大阪东亚运动会、世界大学生运动会、中国第九届全运会上，多次获得冠军。对于一个年轻的运动员来说，这些荣誉堪称完美。但是刘翔不满足，他要实现下一个目标——打破亚洲纪录。

2002 年，在瑞士国际田联大奖赛上，刘翔以 13 秒 12 的成绩，打破男子 110 米栏亚洲纪录；2003 年，在英国伯明翰第 9 届国际室内田径锦标赛男子 60 米栏比赛中，刘翔以 7 秒 52 的成绩打破了亚洲室内田径锦标赛纪录。

面对鲜花与掌声，刘翔并没有沉迷。他决心实现自己新树立的目标——打破世界纪录。

2004 年，在雅典奥运会男子 110 米栏决赛，刘翔以 12 秒 91 的成绩打破了奥运会纪录，平了由英国选手科林 · 杰克逊创造的世界纪录。但是，刘翔对这个成绩并不满足，他坚持不懈地训练，终于在 2006 年打破了世界纪录。

在举世欢呼的狂热气氛下，刘翔再次给自己定下新的目标——完成个人职业生涯的大满贯。“功夫不负有心人”，在 2007 年，刘翔成为集奥运会冠军、世锦赛冠军和世界纪录保持者于一身的男子 110 米栏大满贯得主。

刘翔在职业生涯里不断创新高，正是“奋斗不止”精神的体现。

同样具有这种精神的，还有俄罗斯撑竿跳高运动员、奥运冠军伊莲娜 · 伊辛巴耶娃。

这位世界上最杰出的女撑竿跳高运动员出生于俄罗斯的伏尔加格勒。她从 2003 年起，就一直在女子撑竿跳运动中处于统治地位。她的职业生涯中一次次地刷新纪录。据统计，她曾 28 次刷新室内、室外世界纪录。

2004 赛季，伊辛巴耶娃在伦敦伯明翰的国际田联超级大奖赛上，打破自己创造的女子撑竿跳世界纪录；而在同年的雅典奥运会上，她又刷新了女子撑竿跳世界纪录。

2005 赛季，伊辛巴耶娃先后在西班牙马德里欧洲室内田径赛、瑞士洛桑国际田联超级大奖赛、伦敦国际田联超级大奖赛中连续夺冠并打破世界纪录。

2006 赛季，伊辛巴耶娃在乌克兰顿涅茨克举行的撑竿跳高邀请赛上刷新了此前由她保持的室内世界纪录。

2008 赛季，伊辛巴耶娃在世界田联黄金联赛、北京奥运会田径比赛中，先后打破她自己创造的世界纪录。

……

2013 年 8 月 13 日晚，伊辛巴耶娃在莫斯科田径世锦赛中赢得金牌，完成了职业生涯的最后一跳。

成杰感悟

我曾经面对许多青年人进行演讲。看着一张张青春洋溢的面孔，我由衷地羡慕他们的风华正茂，可以有大把的时间用来奋斗。

我们活着，就要勇敢向前，不断奋斗，拼搏进取，去实现一个又一个目标，寻找属于自己的一片天地。每一个目标的实现，都是下一个目标的开始。

成功者的人生总是充满战斗的激情，他们无论身处条件多么恶劣的状况，都会努力奋斗，使人生变得更加美好。

我们的人生太短暂了，几十年的时光转眼即逝，如白驹过隙。而青春的时光更是短暂。在这短暂的时光里，我们能够做些什么呢?

为了自己的人生能活得更加精彩，我们不能、也不应该虚度美好的青春时光。我们应该珍惜每寸光阴，提高学习和工作的效率，为了自己的明天不懈努力，创造出属于自己的辉煌成就。

“人生如朝露”，蹉跎几年，就会青春不再。所以，我们要在人生最为宝贵的阶段中，创造出尽可能多的价值。

不朽：真正的不朽是为一桩永恒的事业而献身

智慧语录

我的演讲生涯始于 1977 年。自第一次正式演讲以来，迄今整整 40 年，我已讲过 380 个专题，演讲 6000 余场，直接观众近千万人。

我去过海内外近千座城市，包括北京、上海、天津、重庆、香港、澳门，以及华盛顿、纽约、芝加哥、温哥华、渥太华、伦敦、巴黎、罗马、柏林、维也纳、贝尔格莱德、华沙、伯尔尼、东京、大阪、吉隆坡等。

我还曾面向海外留学生，在耶鲁大学、哈佛大学、牛津大学、剑桥大学、莱顿大学等高校演讲。

尽管演讲了这么多场，但是我能做到场场都不重复。昨天讲的跟今天讲的，上午讲的跟下午讲的，绝对不完全一样。

曾有一次，在欧洲55天我做了53场报告，然后直接坐飞机去苏联继续演讲。当时在飞机上，那位团长感叹："燕杰啊，你可不简单啊，50多场报告都听了，没有一场是一样的！"然后，他又拍着副团长，开玩笑地说："你也不简单，你给燕杰同志组织了50多场报告会，你讲的百分之百一样。"

我觉得，这是一个敬业的演讲家应该做到的。人只有热爱自己的事业，才会想着创新，花样百出。不然，重复岂不是最省事省力？但我不想这样，因为我把自己的生命都付诸演讲事业了。

人都在追求不朽。真正的不朽，是活在世上时，用自己的双手与心血铸造的利民事业。真正的不朽，是为一桩永恒的事业而献身。

我爱演讲，是因为我爱教育艺术；我爱教育艺术，是因为我爱青年，爱人类，爱未来。给是爱，取不是爱，我的演讲是给，不是取。我很欣赏三毛的这句话：爱情不一定是人对人。人对工作狂爱起来，是有可能移情到物上面去的。所谓万物有灵的那份吸引力，不一定只发生在同类身上。我为给青年演讲，为了教育艺术废寝忘食，呕心沥血，这无疑是一种爱。

我经常在想，人处于大千世界，总应当有点理想，或说应该有一个世界观，以便从整体上把握宇宙和人生，克服无所适从的彷徨情绪。为了获得更多价值，在宇宙时空中多做一些大事、好事，有一分热发一分光，有千百分热发千百分光。为此，我选择了演讲这个事业，或说演讲事业选择了我。当我明白了演讲事业在于弘扬真善美以后，就进一步确定了：这就是我的光、我的热、我的卡路里，我要让它释放更大的能量。

我曾开玩笑说，让别人走阳关道，我就要走独木桥。为什么？因为演讲是一桩关系到祖国命运、人类前途的大事。在前进路上，虽然会遇到各种困难，但这算什么呢？如果有力量，战胜它就是了；如果没力量，被打败了，自认倒霉。但我坚信正义的事业所向无敌。

以前，在报纸上看到这样几句诗很受鼓舞，我想送给大家——即使命运从不发芽，我不惋惜千百次播种；即使花朵结不成果实，我不遗憾千百次凋零。信念告诉我：没有比脚再长的路，没有比人更高的山峰。

智慧典范

“真正的不朽是为一桩永恒的事业而献身”这句话，是古往今来多少成功人士的经验总结。献身教育事业的典型人物有两位先贤——张伯苓和梅贻琦。

张伯苓是南开大学的创始人。他痛心于中国人体质的孱弱，认为“强国必先强种，强种必先强身”。所以在投身教育事业后，立下“体育强国”的志向，在对学生的体育锻炼上倾注了极大的心血。他要求学生进行跳高、跳远、踢球、赛跑等各项体育锻炼。

1935 年，在天津足球“爱罗鼎杯”比赛中，以南开队主力队员和北宁队组成的中北足球队，连续挫败在天津的外国球队，获得冠军。张伯苓兴奋万分，宴请全体队员，激动地说：“洋人嘲笑中国人是‘东亚病夫’，我们足以证明他们错了！”

众所周知，张伯苓还是我国奥林匹克运动的最早倡导者，是奥林匹克精神的最早传播人。1945 年，抗战胜利，张伯苓组织召开“体育协进会”会议，申办第 15 届奥运会，这是中国历史上第一次申奥活动。他曾预言：“奥运举办之日，就是我中华腾飞之时！”

不仅如此，早在 1907 年，张伯苓就建议中国成立奥林匹克运动会代表队参加奥运会。而且，他还是首位最早促成中国奥运健儿参赛的人。1932 年，张伯苓积极主持短跑运动员刘长春赴洛杉矶参加第 10 届奥运会，并亲自为刘长春向国际奥委会报名，最终促成中国运动员刘长春和教练宋君复代表中国出征。

纵观张伯苓的一生，他为了“体育强国”筚路蓝缕、不遗余力。

梅贻琦是清华大学历史上任期最长的校长。他的教育主张是：学术自由，即给教师以极高的礼遇、极大的自由，让他们能够按照自己的理念教育学生。在对知识分子的心态了解方面，当时很少有如他那般深入的人。

梅贻琦在礼聘教师方面，克服外界的纷扰，尽了自己最大的努力。

梅贻琦在做清华国学研究院教务长时，和赵元任、梁启超、王国维、陈寅恪这“四大导师”一直保持着诚挚的友谊。他曾亲自到火车站接导师赵元任，亲自到颐和园收殓王国维的遗体，并且替其料理后事。

梅贻琦在做清华大学校长时，破格将华罗庚这样的初中学历的数学天才招进清华大学加以培养，又破格将他从系资料员转升为助教，再次破格送他到英国剑桥大学去“访问研究”，最后又破格将他越过讲师、副教授而聘为教授。

梅贻琦还在校内实行休假制度：教授在具备一定资历后，可以领取半薪休假一年；赴欧美做研究的，由学校负责往返路费。

正是因为梅贻琦冲破重重阻碍，不畏政府压力和时人谗言，坚持学术自由，所以使得清华大学在他主持期间，青年才俊辈出，优秀学者云集，为中国教育史留下一段佳话。

成杰感悟

我喜欢读李白的诗，因为他的诗中充满了豪迈的气魄。我记得李白曾经写下过这样的感慨："夫天地者，万物之逆旅，光阴者，百代之过客。"是啊，与浩渺的宇宙和永恒的时间相比，人类实在是太渺小了，人类的寿命，也实在是太短暂了。

然而，人们在这样的浩瀚时空中，总希望化短暂为不朽。为此，在这大千世界，芸芸众生为了各自的理想，执着地奋斗着。"路漫漫其修远兮，吾将上下而求索。"有人胜利到达了彼岸，戴上荆棘编织成的桂冠；有人在探索中受到挫折，迂回于命运的迷宫。

但正因为人类的勇敢顽强、不屈不挠，才创造出五彩缤纷的美丽世界，才能够一代代前赴后继，投身于伟大的事业之中，薪火相传，精神不朽。

我选择了演讲这项事业，我愿意把自己的所知、所感、所爱传导给别人，使自己所感受的真、善、美变为听众的所感，并在听众中变为不朽、变为永恒。这一理想使我乐观、幸福，并有青春常驻的感觉。

第二章

泰然处之，有灾而无难：

谈挫折

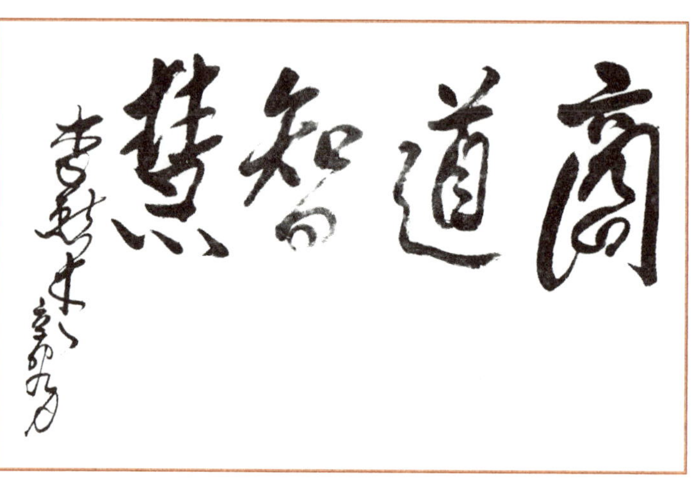
商道智慧

增益：能力是战胜困难后开出的花朵

智慧语录

我小时候读过很多书。在读《一个流浪儿》，读高尔基的《童年》《在人间》《我的大学》的时候，感觉里面的人物命运好苦啊！

其实，这种苦日子，我也曾经经历过很长一段时间。

1937 年抗战爆发后，我的父亲拒绝给日本人做事，因此，我们原本小康的家庭陷入了空前的生存危机。在北平只要不做事，就没有钱租房和吃饭。

家里有十一二个人，全靠父亲一个人挣钱养家。尽管父亲拼命工作，给中学生上课，一周他能教 48 节，但根本养不了家。

当时，我们家穷到租最破的房子，外面下大雨，里面下小雨，还随时担心被房东逼着搬家。那时候，我们连手纸都买不起。我母亲是知识分子，不肯用石头、菜叶，就用报纸，天天在炉子旁烤，以求“卫生”。

原本我从小学到中学都一直在最好的学校读书，但后来因为贫穷，学校也是换来换去地上。我在家里排行老大，眼看着家里穷到这般地步，就出去做童工赚钱。

我小小年纪，摆小摊、卖报纸，去保定、跑正定，完全就像“铁道游击队”，还在医院当男助产士的助手。到了15岁的时候，我去了铁厂。

后来，抗战胜利了，我家里还是很穷。我就去了农场，从测量、播种到收割都干过。商场、工厂、农场，直到再后来参加革命，可以说，工、农、兵、学、商、医，各个领域我都涉足过。

这段经历几乎就和高尔基的著作《童年》《在人间》《我的大学》中所展示的人物遭遇一样。但是由于心态平和，所以我受苦而不觉苦，形成了有艰而无苦的心态。

远望方知风浪小，凌空乃觉海波平。山阻石拦，大江毕竟东流去；雪辱霜欺，梅花依旧向阳开。山鹰不怕峰峦陡，志士不怕磨难多。冬练三九，夏练三伏。只有吃尽训练之苦，才能享受胜利之甜。

面对困难，总要充满乐观与希望；面对困窘，希望总比失望好；面对困苦，乐观总比悲观强。希望与乐观一旦失去，前面就只有阴冷与黑暗。只有把怨天尤人的心情变成矢志不渝、一往无前的奋进，才能保证成功。“有磨皆好事，无曲不文星。”

艾青是诗人，更是哲人。他告诉我们，“人间没有永恒的夜晚，世界没有永恒的冬天”“天使与魔鬼都是人的化身”“能经天磨是好汉，不遭人嫉是庸才”。一个成就伟大事业的人，往往不是那些幸福之人的宠爱，却反而是遭遇诸多不幸，能发愤图强的苦孩子。挫折磨难是青年人前进的催化剂。

总之一句话，吃苦才是成功学。学了好多东西，最后不吃苦，没有经受考验和锻炼，你能成才吗？不可能。有位哲人说过，“当我感叹没有鞋穿的时候，却发现很多人没有脚走路”。困难有时候并没有你想象的那么夸张。

有些人总是埋怨自己没有才华和能力，实际上，人的能力是抵御困难的结果，是战胜困难后开出的花朵。

智慧典范

我国著名数学家华罗庚的成长经历，充分说明了困难对一个人能力的磨炼，以及战胜困难后才能取得巨大收获。

1910 年，华罗庚出生于江苏常州，他幼时爱动脑筋，善于思考。12 岁那年，他从县城的小学毕业后，进入金坛市立初级中学，老师王维克发现其非凡的数学才能，并尽力培养。

当时，华罗庚的学习条件非常艰苦，不光学习资料缺乏，找本像样的数学书都很难。无奈之下，华罗庚四处寻找数学书自修。

老师借给他一本《大代数》、一本《几何》，以及一本 50 页的《微积分》。华罗庚把它们当作宝贝一样认真学习。这三本书，华罗庚反复读，反复解，深入领会每条定理的意义，每个问题都不轻易放过，直到完全弄懂为止。最后，他真正吃透了，弄懂了。

1925 年，华罗庚考入上海的中华职业学校。在职校期间，华罗庚曾获得上海珠算比赛第一名。但他只读了一年半，因为家里拿不出学费而中途退学，回家后帮父亲料理杂货店。

此后，华罗庚开始努力自学。他利用一切业余时间，即使去亲戚家串门，也为不浪费时间而匆匆返回。

华罗庚用五年时间学完了高中和大学的全部数学基础课程，这全靠他有一套自己的看书方法。华罗庚读书，并不是把每一本书从头看到尾，而是彻底掌握第一部分的内容后再学第二部分。凡是第一部分里已有的东西，他就很快地翻过去；只有出现了第一部分没有包含的内容，他才放慢速度，细心精读。

凭借这种方法，华罗庚在 20 岁时，以一篇论文轰动数学界，随后被清华大学聘用。

1931 年起，华罗庚在清华大学边工作边学习，用一年半时间学完了数学系全部课程。他还自学了英、法、德文，先后在国外杂志上发表了多篇论文。

1936 年夏，华罗庚被保送到英国剑桥大学进修，两年中发表了 10 多篇论文，引起国际数学界赞赏。

从此，华罗庚一步步地走上了数学家之路。这是他战胜困难之后的巨大收获。

我国还有一位著名的企业家，有着近乎传奇的经历。他就是史玉柱。

最初，史玉柱借债 4000 元开始创业。4 个月后，他赚回 100 万元，创办“巨人”公司。1991 年，“珠海巨人新技术公司”升格为“珠海巨人高科技集团公司”。到 1993 年，“巨人集团”成为全国第二大民办高科技企业。

然而，在这个时候，一件事让史玉柱折戟沉沙。

1994 年，巨人大厦动土。这座最初计划建 18 层的大厦，在众人热捧和领导鼓励中被不断加高，从 18 层最后升为 70 层，号称当时中国第一高楼，投资也从 2 亿元增加到 12 亿元。可是，到了 1996 年，巨人大厦资金告急，直到现金流彻底断裂。三年后，巨人大厦停工，史玉柱成了背负 2.5 亿元债务的“中国首负”。

幸运的是，受到重创的史玉柱，还拥有人才。公司 20 多人的管理团队，在最困难的时候没有一个人离开。史玉柱决定借钱运作保健品脑白金项目。因为他觉得保健品不仅市场大而且刚起步，做脑白金最多五年能还清债务。

1998 年，史玉柱找朋友借了 50 万元，开始在小城江阴运作脑白金。那时，他走村串镇，和留守家里的老头老太太聊天。提到保健品，这些老人表示：想吃这种产品，但是希望孩子们给买。史玉柱因势利导，推出“今年过节不收礼，收礼只收脑白金”的广告，效果极好。两年的运作，公司创造了 13 亿元的销售奇迹。史玉柱扬眉吐气，还了所欠的全部债务。

脑白金的走红让史玉柱开始琢磨手中的另外几个产品，最终，他决心力推“黄金搭档”。第二年，“黄金搭档”上市，史玉柱为它准备了同样让人耳熟能详的广告词。黄金搭档很快走红全国市场。

就这样，史玉柱凭借保健品，在商海中再次勇立潮头。

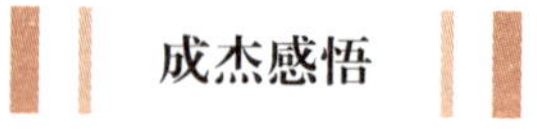

成杰感悟

我国先贤孟子曾经说过：“天将降大任于斯人也，必先苦其心志，劳其筋骨，饿其体肤，空乏其身，行拂乱其所为也，所以动心忍性，曾益其所不能。”

这句话，充分说明了这个道理：能力是战胜困难后开出的花朵。这就要求人在面对困难时，有正确的态度。

放在企业家身上，这种态度决定了企业家在事业上能够达到的高度。大凡成功的企业家，必然具有成功所必需的优良性格。其中，愈挫愈勇是最重要的一种。

历史上，那些成功的仁人志士，无不是在困境中愈挫愈勇，最后以艰苦卓绝的奋斗取得成功的。同样，愈挫愈勇可以保证企业家内心坚定地面对各种危机，解决各种问题，应对各种风险。

困难：困难是一种兴奋剂

智慧语录

我这一生里，遇到过很多困难。但是这些困难都没有打倒我，我把它们当作“兴奋剂”，越是面临困难，我越有斗志。

“文革”爆发后，我被打入“牛棚”，在那种环境里，很多人在劳改队期间，都消极到没法活了，有的人跳楼，有的人卧轨。但是，我没有自暴自弃，而是利用这段时间做力所能及的事情。

一进劳改队，我就被诬陷，造谣说我是什么漏网大右派，说我的父亲是国民党检察厅厅长，说我弟弟是异己分子……说什么的都有。在劳改队里面，我年龄最小，那时候我才 36 岁。所以，我就表现得很积极，搬石头、搬砖，什么活都抢着干，力求以最好的表现赢得好名声。

在劳改队期间，我结识了一位 70 多岁的老心理学家——林传鼎先生。我就建议他："您这么大岁数抬煤太累了，我正在编毛主席诗词，您给我刻钢板，我跟劳改队的队长说一声，有可能会照顾咱们。"老先生同意了，我就真找了大队长，两个人开始正式编写"毛主席诗词"。

其实，在当时的时代背景下，编写"毛主席诗词"也极有危险，因为不能弄错一个字。为此，我在劳改空隙骑车到各单位积极访问，寻找懂"毛主席诗词"的权威人士。结果还真找到了一个"大腕"——专门给毛主席整理诗的，给钱钟书改诗的周振甫。当时劳改队的成员同病相怜，互相同情，周振甫帮我逐字认真改了一遍。

面对困难，我的感受是：气要和平，量要阔大，志要坚实。

我欣赏梅尧臣这首小诗：**"月缺不改光，剑折不改钢，月缺魄易满，剑折铸复良。"**

当你遭遇到重大打击时，当你准备向后转时，如果你是强者，就应朝着预定的方向再跨出一步，或许，这样要付出十倍的代价，但有了这一步的前进，胜利就有可能属于你。

一个人，无论是相信命运，还是不相信命运，都不能屈从

于命运。弱者，拜倒在命运脚下；强者，千方百计掌握命运。真正的强者，并不是能压倒一切艰难困苦的人，而是不向任何艰难困苦屈服的人。

一个生活的强者，是一个敢于向命运挑战的人。只有敢于向命运挑战，才可能成为掌握自己命运的人。怨天尤人，是弱者的行径。强者从不抱怨生活，绝不浪费自己仅拥有一次的生命。面对烦恼，挥挥手；面对未来，阔步前进。每个困难的战胜，都将赢得一座新的里程碑。

顺境能产生幸运儿，而逆境才能产生大丈夫。顺境，对自己要求要严；逆境，自己的心态要放宽。远望方知风浪小，凌空乃觉海波平。人生在世，在告别人生时，值得追忆、回味的并不是鲜花与掌声，而是战胜重重困难的勇气、意志与智慧。

与其怨天尤人于泥潭里，不如搏风击浪于洪流中。在困难面前，仍能心平气和、精神畅快、饮食有度、劳逸结合，这样的人必然是乐观主义者，而乐观利于成功。一个豁达的成功者，不是熬过艰辛去乞求幸福，而是在艰辛中奋斗，创造幸福。

乞求别人赐予幸福，会离幸福越来越远；而那些战胜困难进行不断创造的人，本身就是生活在幸福之中。大凡成就大事业的人，都有这样的特点：不为穷变节，不为贱易志。安危不二其志，险易不改其心。

· 智慧典范 ·

人在面对困难的情况下，该做出怎样的回应？残疾作家张海迪给出振奋人心的答案。

张海迪，1955 年秋天在济南出生。她在 5 岁时，胸部以下全部瘫痪。对于一个活泼好动、喜爱唱歌跳舞的孩子来说，这无疑是巨大的打击。对于孩子的父母而言，同样是沉重的打击。

因为无法上学，张海迪便在家自学。经过数年的刻苦努力，她自学完了小学、中学全部课程。15 岁时，张海迪跟随父母一起被下放到山东聊城农村，她就成了当地孩子的老师。后来，她还自学了针灸医术，为乡亲们无偿诊治。

在成长的过程中，张海迪时刻保持激昂的斗志。面对人生困境，她没有放弃，而是把困难当作“兴奋剂”，愈战愈勇。她自学了英语、日语、德语等多门外语，自学了无线电知识，当过无线电修理工。

残酷的命运没有让张海迪退缩，她以顽强的毅力、恒心，积极与疾病做斗争，对人生充满了信心。1983 年，她开始涉足文学领域的工作，先后翻译了数十万字的英文小说，编著了《轮椅上的梦》《生命的追问》等书籍。《轮椅上的梦》被翻译成日文和韩文，《生命的追问》出版后获得了全国“五个一工程”图书奖。

人在面对困难的情况下，该做出怎样的回应？另一位可敬的残疾作家，也用他奋斗的一生，做出了响彻人间的回答。

《钢铁是怎样炼成的》这本书，是革命文学的经典著作，它的作者尼古拉·阿列克谢耶维奇·奥斯特洛夫斯基就是主人公保尔·柯察金的原型。命运对这位作家十分残酷：他幼年失学；在枪林弹雨中度过少年时代，因负伤导致右眼失明；青年时代，又因关节硬化而卧床不起……32 岁时，他已双目失明，四肢瘫痪，全身不能活动，连转动头部也极为困难。

面对命运的困境，奥斯特洛夫斯基进行了英勇的抗争。他通过自学，读完了函授大学的全部课程，他如饥似渴地阅读世界文学名著。当文学素养达到一定水平后，奥斯特洛夫斯基写了一本描述部队中英雄战士的中篇小说，寄给一家杂志社，却未被采用。

奥斯特洛夫斯基并未灰心丧气，因为他知道，成功者在未成功之前，往往伴随着痛苦、冷落。因此，作为向理想高峰攀登的人，奥斯特洛夫斯基忍受着病痛的折磨，战胜困难，终于完成了《钢铁是怎样炼成的》这部著作。

这部书一经出版，即轰动了整个苏联。几年间，小说被重印、再版了 50 次。同时，在世界各地，这部书也产生了巨大的影响，先后被翻译成 61 种文字，印行了 600 多次，共 3000 余万册。

奥斯特洛夫斯基并没有停止奋斗，他以惊人的毅力，开始写又一部长篇力作《暴风雨所诞生的》。他在完成了《暴风雨所诞生的》第一卷之后的第六天去世了。

成杰感悟

对企业家来说，在商海前行，总会面临各种挑战。在诸多挑战的背后，还有更多需要征服的困难。白手创业，如何建立起一个新的品牌？面临瓶颈，如何适时调整战略？面对竞争，如何巧妙应对？面对机遇，如何让业务不断盈利……

所有这些问题，都没有现成的答案可寻。太多未知的因素，会导致我们的工作停滞不前，会令我们陷入种种危机，会让我们的情绪起伏波动……可是，面对挑战，但凡是内心成熟的企业家，都会知道要采取何种态度——我们要把困难当作“兴奋剂”，越是面临困难，越是斗志昂扬！

因为，遇到挑战的时候，正是考验我们这些企业掌舵人能力的时候，也正是彰显我们“英雄本色”的时候。所有成功缔造企业的领导人，必须让自己坚强，以无畏的姿态迎接哪怕是最为严重的打击。我们永远不会向困难让步，这是所有成功者勇立潮头的秘诀。

冲击：大冲击会带来大觉醒

智慧语录

我喜欢读史书，不管是中国历史，还是世界历史。每当到了一定的阶段，历史会有大转折、大变化。**一般是在国家、民族受到强烈的大冲击的时候，大众会因此而产生大觉醒。**纵观中国的近代史，就可以看出这一点。

在中国近代史上，鸦片战争是一个大转折，给中国带来了巨大的冲击。

两次鸦片战争，都以腐朽的清政府的失败而告终。这给了当时的有识之士巨大的冲击。他们开始“睁眼看世界”。

从最早的林则徐、魏源等人主张“师夷长技以制夷”，到

19世纪60年代清朝的各种洋务活动，再到1898年以康有为、梁启超、谭嗣同等人为主的“戊戌变法”运动，中国开始了近代化的历程。

直到《辛丑条约》的签订，以孙中山先生为首的激进的革命派深刻认识到了清朝统治的腐朽，便以“驱除鞑虏，恢复中华，创立民国，平均地权”为政治纲领，走出了一条革命道路。

可以说，帝国主义对中国的每次欺辱，都会给中国带来大的冲击，也让中国人民觉醒，只有知道“站起来”的民族，才能屹立于世界民族之林，繁荣昌盛。

一个国家是这样，一个人也同样如此。

大千世界，人类社会处处有惊奇，然而许多人却麻木不仁，既无惊，又无奇，庸庸碌碌生活了一生，平平淡淡而去。

惊奇感是青春的惊异，是进取的惊喜。发现可惊，发现奇异，是对人的激励。海啸，令人惊奇。SARS，令人惊异。在惊奇、惊异之余，投入深思，进入创造，逐步由表及里战胜困难，创造出一个又一个奇迹。

看到奇，感到异，是人的自我提升，它促使人寻本求源，在追求中形成法则，在心中形成规律。奇异，是一种标记。超越它，就会形成一种智慧。在奇异面前，不是爆发，就是灭亡，沉默中静思，静思中形成奇思妙想，此时此际，必将出现心中的奇异。

高高的山峰，风光秀丽，是一种奇异。当我们不畏艰难走上山巅，把高峰踩在脚下时，人们说这是奇异，我说这是奇趣。奇异，总会伴随艰险。在艰险面前裹足不前，只能被视为弱者；而强者把奇异化为前进的动力，奋斗不止，一往无前，终达目的。

大千世界充满奇异，有志者就要在奇异中伴着艰辛度过，时胜时负，有志者在胜负中求得人生乐趣。世界上，任何新生事物出现时，都会使人感到惊异。

惊异之余，强者创新，弱者总会感到无能为力。一个人若没有笑傲惊异的气概，航行在大海上，任何风向对他来说都是逆风。惊异之后，只有惊叹，他从来也不懂得惊叹之后胜利的惊喜。

智慧典范

近代中国，由于清政府和北洋政府的腐朽，帝国主义多次侵略得逞。每次中国对外战争的失败，都会给中国人的心灵带来巨大的冲击，从而促使民众的民族意识觉醒。中国现代著名作家鲁迅和近现代著名军事学家蒋百里就是两个民族意识觉醒的代表性人物。

鲁迅在日本留学时，恰逢日俄战争。日本与俄罗斯这两个帝国主义国家为了争夺中国的东北而交战。所以，日本学生经常在课堂上看关于日俄战争的幻灯片。

其中有一张图片，是一个中国人跪在地上，将要被日本人斩首——罪名是“俄国间谍”。而在旁边围观的，恰恰也是一群中国人。

这时，在场所有的日本学生都高声欢呼起来。这欢呼声在鲁迅听来格外刺耳。原本抱着救国之梦到日本学医的鲁迅，在这一刻改变了想法，也改变了此后的命运之路。

多年以后，鲁迅回忆道：“我的梦很美满，预备卒业回来，救治像我父亲似的被误的病人的疾苦，战争时候便去当军医，一面又促进了国人对于维新的信仰。从此以后，我便觉得医学并非一件紧要事，凡是愚弱的国民，即使体格如何健全，如何茁壮，也只能做毫无意义的示众的材料和看客。”

鲁迅认为：“我们的第一要著，是在改变他们的精神，而善于改变精神的是，我那时以为当然要推文艺，于是提倡文艺运动了。”

所以，一次冲击，让鲁迅觉醒，成了“中国最有骨气的文人”，以笔为矛，刺破黑暗的旧中国，唤醒沉睡的国民。

说完了“文人”鲁迅，再说“武人”蒋百里。他的觉醒，同样是受到了时代冲击的结果。

蒋百里，名方震，字百里。他是浙江海宁人，自小聪慧，被人冠以“神童”的美誉。

蒋百里少年时代就关心国家大事，立志拯救多灾多难的祖国。当时，中日发生了“甲午战争”，由于清政府的腐败无能，这场战争以中国割地赔款收场。这样大的变故，深深地刺激了蒋百里。他由此接受了维新思想，思考怎样振兴中国的武备。

1901年，蒋百里因为学业优异而受到资助，留学日本。在日本学习的时候，蒋百里立志为中国人洗雪耻辱，终于以优异的成绩，力压一众日本同学，以第一名的身份毕业。

1910年，蒋百里回国，以不到30岁的年龄担任高级武官，在同龄人中锋芒毕露。

1911年，辛亥革命爆发，蒋百里担任浙江都督府总参议，从此在中国的军界崭露头角。

此后，蒋百里担任保定陆军军官学校校长，为中国培养出了数以千计的军事人才。

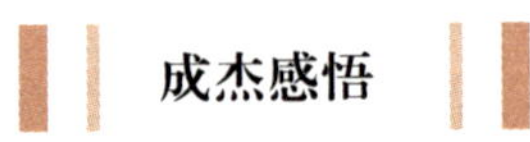

成杰感悟

我相信，很多企业家，曾经都陷入过人生低谷，也都有过冲破障碍、一飞冲天的经历。每当陷入低谷时，往往会有大的冲击，为我们带来大的觉醒，促使我们破壁而出，涅槃重生。

沉闷的人生，需要一种强大的冲击。大冲击或许就会带来大觉醒。永远沉闷难有大作为，正如寻常的境遇不能燃起生命的炸药，爆发出猛烈的火焰。

一个伟人是这样形成的：在他走投无路时，几乎丧失了一切，迎接他的是大祸临头，这致命的一击，使其全部潜力苏醒，促使他超越了自我，超越了时代，创造了奇迹。

为了人类的美好理想，披荆斩棘，破釜沉舟，不惜牺牲，不惜代价，这种人是值得赞扬的，因为只有他们才使得人类的发展突飞猛进。

挖潜：挖掘潜能靠实践

智慧语录

我演讲了这么多年，受到了很多人的赞誉。但是我时刻提醒自己要谦虚谨慎，所以没有因此而膨胀。

有人对我说："李老师，您是天生的演讲家，一下子就轰动了全国。"

我说不对。第一，我不是天生的演讲家；第二，也不是一下子轰动全国。我是在实践过程中逐渐学会了演讲，并且在实践中坚持学习，不断改进。是由于时代的需要，才在社会中产生了一定的影响。如果有些人自以为不善于演讲，请不要灰心，只要勤学苦练，就可以讲好！我就是一个从不会讲到会讲的例证。

小时候的我，特别不爱说话，因为我生长在一个高级知识分子家庭。那个时代，知识分子家庭教育普遍奉行“少说谨言”，甚至于还有很多家庭强调“祸从口出”。

我上学的时候，当了班长，又当了学生会主席，最后被“逼上梁山”，讲也得讲，不讲也得讲。我第一次发表学生会主席就职演说的时候，紧张了好几天，心里一直希望上台演讲时停电，摸着黑去演讲，这样就可以避免被同学们看到窘态。

后来，我能够在演讲上取得成功，都是在实践中挖掘潜能的结果。

有才能的人，在事业上容易成功。但不见得一切有才能的人都能成就大的事业，关键是要使自己的才能适应千变万化的情况。才能与事业相适应固然很好，在不适应时，就要善于挖掘主观与客观上的潜力。

成功者，往往是那些善于挖掘潜能的人。基于平日的学习、观察、积累，逐渐形成一种潜在力量，在急需时，它会迸发出智慧与力量的火花。如果把土地比作储备潜能的基地，那么人们心中的希望就如种子，当把种子播撒到沃土之中，就会发芽、成长、开花、结果。

一个在困难面前叫苦不迭的人，是很难成就大事的。在遇到困难时不是裹足不前、束手无策，而是从主观到客观上寻求出路与方法。在走投无路时，就可能出现“山重水复疑无路，柳暗花明又一村”的奇迹。

潜能是自在的，聪明人一定是使“自在”变成“自为”的人。与其哀叹命运不济，不如充分发挥自己的联想力，在多方思考中挖掘潜能，使理想付诸实现，最终转败为胜，转危为安，扭转战局。

潜能，有精神的，有物质的；有内在的，有外在的；有主观的，有客观的。当这些对立面达到统一时，就有可能迸发出超常的能量，创造出奇迹，甚至如中子轰击形成连锁反应。挖掘潜能，不能靠祈祷，而要靠实践，一次不行，再来第二次，第二次不行，还有第三次，100 次没有完成，还有 101 次。

一切成功者都懂得“天上不会掉馅饼”的道理。不到高山，不知平地之坦。不经过失败，就不知道成功的艰难曲折。挖潜如挖井，在挖掘过程也许是直线，也许是曲线，只有那些坚信自己潜能的人，才能挖到“水源”。

成功者，既相信自己的潜能，更相信同志的潜能，俗语云：播种冷漠，只能收获孤独，人生多几位益友，就多几分潜能。有集体潜能的交汇，就可能转败为胜。

一个真正自信的人，是最能挖掘自身潜能的，遇事不愁、不恼、不怒，多思、多想、多干，必然能够得到回报。

智慧典范

很多成功的人，并不是自小就表现得比常人卓越。他们的早期生活平凡无奇，直到挖掘出潜能，才如同美丽的蝴蝶，破茧而出。

世界知名的科学家阿尔伯特·爱因斯坦，从小留给人的印象是“智力迟钝”。他精神懒散，沉默寡言。父母甚至带他看过医生，因为他们怀疑他是低能儿。

直到四五岁时，爱因斯坦的父亲送给他一个袖珍罗盘，这件不起眼的东西对他产生了巨大的影响，可以说改变了他的一生。那时候，爱因斯坦对罗盘产生了兴趣，罗盘激发了他极大的好奇心，以及探索自然科学的兴趣。

此后，爱因斯坦开始在叔叔雅各布·爱因斯坦的引导下，自学感兴趣的功课。比如几何、代数等。爱因斯坦天赋过人的智慧被逐渐发掘出来，他在少年时代就读过了《力和物质》等科学书籍，并且立下投身科学研究的志向。

我国当代著名作家史铁生，也是因为挖掘了自身的潜能，而由一个普通的残疾青年，成长为著述甚丰的文学名家的。

史铁生曾是下乡知青，在插队的时候落下病根，21 岁时双腿瘫痪，再也站立不起来了。

那时候，他的脾气变得暴怒无常，常常会突然把手边的东西摔向四周的墙壁。生命对于史铁生来说已经失去了任何吸引力。他想：要是不能再站起来跑，就算是能磨磨蹭蹭地走，也不想再活了。

这时，史铁生看到卓别林的电影《城市之光》。片中女主人公要自杀，卓别林救了她，对她说："急什么？咱们早晚不都得死？"这句话让史铁生心生巨震——既然死是一件无须着急去做的事，那何不先看看有没有什么事情可做呢？

于是，史铁生开始挖掘自身的潜能，他想到了从没关注过的文学。他想用笔杆代替自己的双腿继续人生之路。

因为初中时赶上"文革"，史铁生没有好好读过书。他坐在轮椅上，躺在床上，如饥似渴地啃读世界名著。他每天摇着轮椅去地坛，不是读书，就是思考。最终，他拿起了笔，一篇又一篇地写着……

在这样的环境中，史铁生创作出大量脍炙人口的小说。其中，《我们的角落》被田壮壮改编成了轰动一时的电视剧，《我的遥远的清平湾》获得"青年文学奖"和"全国优秀短篇小说奖"，《奶奶的星星》获得"作家文学奖"和"全国优秀短篇小说奖"，《命若琴弦》被陈凯歌改编成电影《边走边唱》，引起了社会的强烈反响……

成杰感悟

一个人，想要事业有成，往往需要具备才华。然而，很多时候，只有才华是不够的，还需要挖掘自身的潜力。

所以，大凡成功者，往往是那些善于挖掘自身潜能的人。他们或许才华横溢，或许才能平平。但是，他们会在平日的学习、工作中，逐渐形成一种潜在力量。这种力量在他们需要的时刻，会迸发出智慧与力量的火花。

事实上，每个人的身上都隐藏着潜能，如同地下蕴藏的富饶矿脉。只是，成功者一定是那些可以让“隐藏矿脉”变成“露天富矿”的人。

破釜：如果时时想着退路，将永难取胜

智慧语录

“有志者，事竟成，破釜沉舟，百二秦关终属楚；苦心人，天不负，卧薪尝胆，三千越甲可吞吴。”

这副对联，是我上学的时候学过的。上下联分别提到两个成语：“破釜沉舟”和“卧薪尝胆”，各出自一段历史典故。

我们说一说上联的“破釜沉舟”。

秦朝末年，各路起义军纷纷揭竿而起，打着各诸侯国的旗号和秦军展开激战。秦军大将章邯攻打赵国，赵军被秦军重重包围。当时名义上的诸侯共主楚怀王，派上将军宋义和副将项羽率军救援赵国。

到了战场附近，宋义畏敌如虎，按兵不动。项羽十分不满，要求进军解困赵国。但宋义不同意，且饮酒作乐。项羽忍无可忍，以“叛国”罪名杀了宋义，被将士们拥为上将军。

项羽随后率所有军队悉数渡黄河，前去营救赵国。在全军渡河之后，项羽下令把所有的船只凿沉，把所有烧饭用的锅砸破，以此激励将士们与秦军决一死战。

在这样的情况下，楚军战士以一当十，经过激战，大破秦军。楚军的骁勇善战大大提高了项羽的声威。在战胜后，项羽于辕门接见各路诸侯，他们都战战兢兢，不敢抬头看项羽。

项羽的“破釜沉舟”，说明人在做事的时候，必须下定必胜的决心。如果时时想着退路，将永难取胜。有了信念，又有了决心、信心、恒心，就是登上了成功的阶梯。一个人有了必胜的信念，就是向成功迈出了一大步。

挫折越多，毅力越强。失利越多，信心越足。一次次的挫折、一次次的失利，帮助有自信力的人，赢得了走向成功的“登机卡”。没信心的人，被困难与不幸压倒；有决心的人，压倒困难与不幸。

信念如灯，欲望为光。人，活在世界上，想成功的人一定要有信念。一个没有信念的人，没有目标，又没有途径，也就失去了前进的方向，他的一生就不会有走向成功的意志和力量。

我十分欣赏这样的哲理：信念，是为了实现自己尚未见到的；而这种信念，又形成一种巨大的力量，它的回报是看见自己所相信的。为了信念既要经受折磨，又要耐得寂寞，有时还要遭受心灵的伤痛，这需要有超常的恒心、耐力和超凡的承受力。

智慧典范

人在面对困境的时候，只有奋起一搏，才有成功的可能。如果时时想着退路，将永难取胜。这在中国历史上，常有体现。

北宋时，辽国入侵。宋军接连失败，被辽国人打到了黄河边上。宋真宗震惊之下，动了迁都南逃的念头，而主和派大臣王钦若也建议求和，奉上岁币。

宰相寇准坚决反对，他认为：如果皇帝御驾亲征，就可以鼓舞前线将士，足以退敌制胜。宋真宗权衡之后，同意北上亲征。

这时，辽军已经攻打到澶州（今河南濮阳）城下。如果攻下此城，就能够威胁北宋京城汴梁（今河南开封）了。宋真宗抵达澶州，在寇准的力促之下，皇帝登上澶州北城门楼以示督战，宋军士气大振，在辽军的如潮攻势之下，死守不退。

宋辽激战数十日，辽军伤亡惨重而无所得，又担心被宋军抄其后路，便利用北宋朝廷的软弱，与之签订了“澶渊之盟”，迅速撤军北归。

正是由于寇准说服宋真宗北上亲征，行“破釜沉舟”之事，自断退路，才没有让北宋屈服于辽军的兵锋之下，保住了北宋的社稷江山。

蜚声世界文坛的法国大作家雨果，在1830年，也曾采取自断退路的方法，让自己全力完成了一部经典巨著。

当时，雨果签了出版合同，要在半年内写出一部长篇小说。这就要求雨果必须断绝所有的社交活动。雨果开始尝试着不参与各种宴会、沙龙，可是老好人的他总是拒绝不了种种邀请。

后来，雨果果断地自断退路——他把所有华丽的衣服都锁在柜子里，并让人带走钥匙。如此一来，他只能穿着内衣写作。这就迫使他彻底断了与外界的交往，只能埋头写作。

于是，雨果除了吃饭、睡觉，从不离开书桌，仅用5个月时间就完成了《巴黎圣母院》，这部作品成为风行世界的名著。

成杰感悟

人在做事的时候，必须下定必胜的决心。如果时时想着退路，将永难取胜。有了信念，又有了决心、信心、恒心，才能登上成功的阶梯。

成功的意义在于实现自己一个又一个的目标，走向一个又一个的高峰，满足自己一个又一个的欲望。这里有幻想、梦想。这就是信仰，是目标，也是人的欲望。欲望，有时是天使，有时是魔鬼。欲望，可以使我们走向成功，也可以使我们走向失败。

未来也许是天堂，也许是地狱。为此，我们要时刻认真检验自己的信念与欲望。

为了实现理想，完成欲望，必须有惊人的毅力，所谓：天也可及，海也可入，泰山可平。只有坚忍不拔的人、坚强不屈的人，才有成功的希望。理想既定，则应一往无前。一个人的成就在于日积月累，一个人的成功在于坚忍不拔。

信念能使人经受住磨炼，而百炼成钢。

收获：成功的经验和失败的教训是奋斗的双重收获

智慧语录

有一个做销售的青年人，因为业绩不好，非常沮丧。他就请教我：“李老师，我总是失败，工作没有成绩，我该怎么办？”

我告诉他，首先，不能放弃；然后，在工作中要及时总结成功的经验，还有失败的教训。因为，成功的经验和失败的教训是奋斗的双重收获。

对客户，一个也不要冷淡；对机遇，一次也不要放弃。冷淡，意味着放弃；放弃，意味着失去；失去，意味着失败。

机会、机缘是难得的。抓住它，就可能成就大事业；失去它，就可能前功尽弃，一事无成。即使有一千次的失败，也绝不放弃一千零一次的追求，而追求本身，正是生活赋予我们最神圣的权利。

只要人心中有了春意，秋风是不会引人愁思的。人生道路，平坦少，崎岖多。当走在坎坷的路上，一些人要退缩时，那些有意志力的人，一定会勇敢地再前进一步。这关键的一步，迎来的或许就是“柳暗花明又一村”。

一个力图成就事业的人，一定是一个永葆青春的人。哲人讲：青春活泼的心，决不做悲哀的滞留，“到死未消兰气息，他生宜护玉精神”。

惰性，是前进道路上的阻力。一个能战胜惰性的人，才是真正战胜自我的人，才是步入成功之门的人。

执着，决不等于固执。固执是可悲的，顽固是可叹的。只有为了一个明确目标坚持奋斗的人，才是可赞的。慨叹命运不济，抱怨造化不好，是弱者的表现。无论慨叹，还是抱怨，都无济于事。

逆境与灾难，是一所促人成功的大学，决不滥发文凭。骄傲、气馁，是人生道路上的两种暗礁，让人在不知不觉中触礁而走向失败。

智慧典范

对于那些在奋斗之路上奔跑的人来说，成功的经验和失败的教训是奋斗的双重收获。

在拿破仑当政时期，法兰西帝国与欧洲其他帝国的战火不断，连绵数年。拿破仑将自己在各个战场的胜利经验运用自如，指挥法军横扫整个欧洲战场。

而在拿破仑的敌对一方，其余欧洲国家结成的欧洲同盟，则连连失败。当时，指挥同盟军的威灵顿将军在一次大决战中，遭受惨重的失败，率领小股军队逃到一个山庄。

在那里，疲惫不堪的威灵顿发现墙角有一只蜘蛛在结网。也许是因为丝线太柔嫩，刚刚拉到墙角一边的丝线，经风一吹便断了。蜘蛛又重新忙了起来，但新的网还是没有结成。

威灵顿望着这只失败的蜘蛛，想起自己的遭遇，愁容满面。但他发现，蜘蛛并没有放弃，它又开始了第三次结网。

威灵顿想：蜘蛛是不会成功的。果然，蜘蛛又失败了。但是它丝毫没有放弃的意思，又开始了新的忙碌，它不慌不忙地吐出丝，然后爬向另一头……直到第六次，蜘蛛网终于结成了！

看到这一切的威灵顿感动地流下了热泪，为蜘蛛由失败到成功的永不放弃的精神深深感动。他走出了悲痛与失败的阴影，集结部队再次奋战，终于在滑铁卢打败拿破仑，并推翻了强盛一时的法兰西帝国。

对于那些奋斗的人来说，成功固然可喜，但失败也并不可悲，失败的教训同样是奋斗的收获。比如人类在南极探索历程中的事迹。

“阿蒙森－斯科特南极站”是世界纬度最高的考察站。这个考察站的命名是为了纪念在1911年第一个抵达南极点的罗尔德·阿蒙森和1912年第二个抵达南极点的罗伯特·斯科特。

1910年，挪威人罗尔德·阿蒙森和英国人罗伯特·斯科特分别率领挪威、英国的探险队，几乎同时到达了南极洲罗斯岛的两侧。而在此后奔赴南极点的旅程中，两队的结局却截然相反。

阿蒙森的探险队驾着雪橇，稳扎稳打。他们每向南110公里，便搭建一个仓库，存贮大量的食品和燃料。并且，他们每隔一段距离，就在雪地上插一个标杆，防止迷失方向。

在离南极点550公里的时候，出现了上坡路和连绵的暴风雪。阿蒙森决定，把体弱的狗杀掉，由强壮的狗拖着雪橇，只带上两个月的口粮，轻装向南极点冲刺。一定要赶在斯科特之前到达！

1911年12月14日，历经千辛万苦，阿蒙森探险队成了人类历史上第一次登上南极点的人。他们喜极而泣，把一面挪威国旗升到了极点上空。

反观斯科特的英国探险队，可谓厄运连连。他们拉雪橇用的西伯利亚矮种马适应不了南极的严寒，一匹一匹地死去，最后只好用人力拉雪橇。暴风雪、冻伤、体力下降……种种打击接连袭来。

最让他们崩溃的是，在南极点附近，他们发现了挪威人到过的痕迹！这沉重的精神打击让他们无法接受。面对可能的失败，斯科特没有放弃，他依然率队到达了南极点。

英国人把国旗插在挪威人的帐篷旁边，他们成了到达南极点的亚军。次日，筋疲力尽的斯科特队踏上归途。可是，他们的口粮不足了，保暖衣物也不够了。归途茫茫，队员们一个个死去。斯科特挣扎着留下了最后的日记："我们将坚持到底……但我们的末日已经不远了。"

后来，人们搜索到了他们的帐篷和遗体，在斯科特等人身边发现了各种化石标本。他们在死亡降临的时候仍然没有丢下这些科学财富，这些收获也让斯科特等人虽败犹荣。

成杰感悟

我们都奔走在奋斗的路上，总会面临失败。面对失败，不同的人有不同的态度，而从不同的态度，可以推断出这个人日后是否能够成功。

有很多人，在面对失败时，自信消失殆尽，激情消散无踪，终日唉声叹气。这样的人，可以说是彻底的失败者，他们丧失了再次奋起的勇气。

还有很多人，在面对失败时，不屈不挠，愈挫愈勇。他们总结教训，收拾残局，再次坚定地踏上征程。这些人，才是真正的勇者。因为他们明白：成功固然可喜，失败也绝不可怕。成功的经验和失败的教训是奋斗的双重收获。

所以，当我们面对失败的时候，就要舍弃那些让我们灰心丧气的念头，重整旗鼓，精神抖擞，再踏征程。

第三章

气平心定，有惊而无险：

谈心态

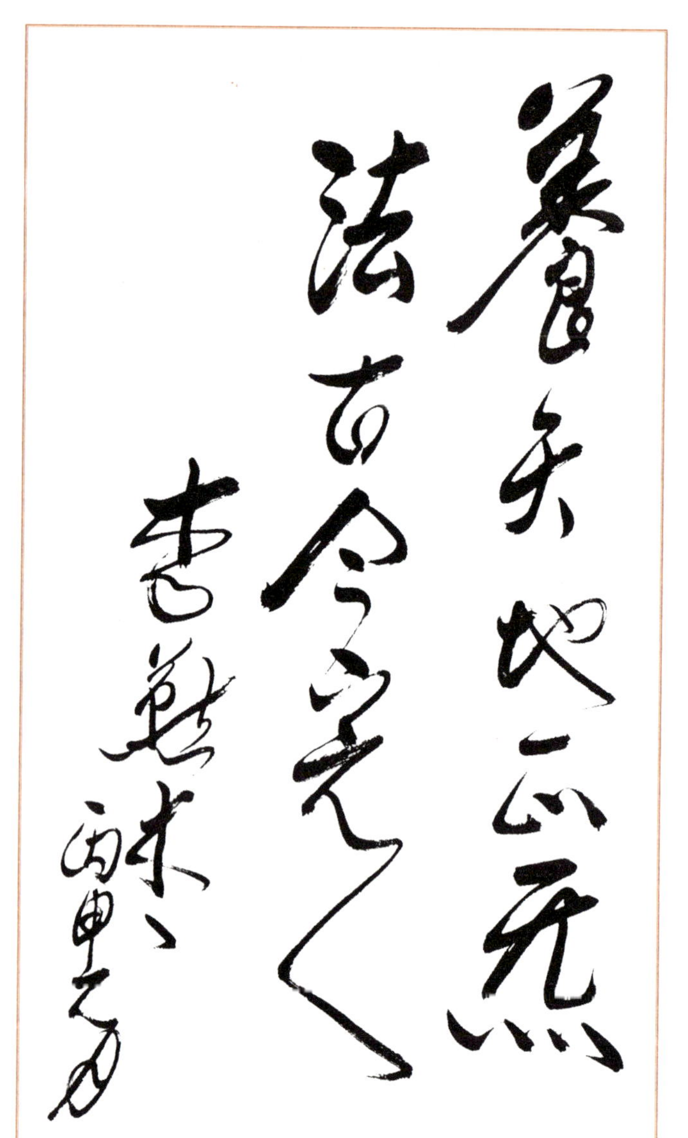

淡定：给心灵安装一个“空调器”

智慧语录

我在演讲的时候，会遇到这样的事情：有个别不喜欢我的人，他们会用恶毒的语言来攻击我。这样的事情，也会发生在其他演讲家的身上。

有一次，有位朋友很气愤地对我说：“燕杰同志啊，他们攻击咱们这些当教师的是‘教师爷’——把我气坏了！”

我笑着安慰他：“您别生气，生气就等于用别人的卑鄙来惩罚自己！”

然后，我拿起笔，给他写了个条幅：宠辱不惊，看庭前花开叶落；去留无意，望碧空风卷云舒。

不管面对什么样的人、什么样的攻击，我的态度都一样——保持淡定。

人生中，有的人可以把你气死，有的事可能把你难死，有的情可能把你害死……但是，有卓越才智的人，却能气不死，难不死，害不死，并且会战胜一切困难。

只要天空还有阳光在照耀，我们就不怕大海中还有浪涛。每座高山背后都有一道峡谷，人生旅途中怎能企望永远是平坦的大路？大海在风平浪静之后，也会出现汹涌波涛。只有乘风破浪、勇往直前的人，才能到达光辉的彼岸。

俗话说："不如意事常八九，如意之事仅二三。"一个人活在世上，如果只看到阴暗面，总想到不如意，那他的生活剩下的就只有苦闷了。所以，聪明的人，在心灵深处，要安装一个"空调器"，冷时加加温，热时降降温，这样才可能达到平衡。

我曾经把自己这一生总结为"人生九级浪"：

早年，我卖报纸、当小工、当学徒、到农村开荒……但我不觉得苦，这就是所谓的"有艰而无苦"；

新中国成立前，我参加中国人民解放军，在战争中幸存下来，这就是所谓的"有战而无伤"；

在我的一生中，曾经遭遇了各种各样的灾祸，我都能泰然处之，这就是所谓的"有灾而无难"；

新中国成立后，我经历了历次政治运动，在"文革"等时期，能审时度势，认清现状，这就是所谓的“有困而无惑”；

我到世界各地演讲的过程中，曾遭遇过飞机失事、车祸等险情，但都幸运地保全性命，这就是所谓的“有惊而无险”；

我在多年的演讲过程中，因为批判一些丑恶现象，引起一些人的报复、伤害，但我心中，始终能宽大为怀，这就是所谓的“有风而无波”；

我在七八十岁高龄，患上癌症，但一直保持平和、乐观的心态，这就是所谓的“有病而无痛”；

我信奉“博学、笃行”，不断学习、积极工作，从不间断地教书、演讲、著书，并乐在其中，这就是所谓的“有疲而无倦”；

我坚持扬正道、懂感恩，这就是所谓的“有老而无朽”。

正是这种辩证的智慧，让我在人生路上，无论遇到何种困难，遭遇何种祸乱，始终能以平和、泰然的心态去面对，最终收获成功而丰盛的人生。

我还总结出了自己“人生五对矛盾”：

特殊的人生经历，让我既能接触到梁启超、王国维等大家的思想，又能深入到基层群众中去，了解他们的思想和生活；

从军的经历，让我既能接触到元帅和将领，又能了解到普通士兵的思想；

家庭的渊源和从事的事业，让我既能接触到最古老的学问，又能接触到最现代的人群；

我是一个地地道道的老北京人，却也走遍了全世界；

我自认为是一个平凡的人，却接触到了冰心、鲁迅、郭沫若、曹禺、魏巍这样不平凡的人物。

我总是用辩证的思维，来看待人生中的种种际遇，因此能心存感恩、从容面对、泰然处之。

智慧典范

沈从文出身湘西农家，自小性格活泼。青年时代，他曾经参加过地方军队，戎马生涯让他具备了过人的胆识。此后，他只身赴京，自学成才，成为著名文学家。

正所谓“腹有诗书气自华”，正是丰富的人生阅历，让沈从文在“文革”之中，也能自我调节，以淡定的心态熬过了那段艰难的岁月。

那时候，沈从文在历史博物馆工作，“造反派”为了羞辱他，就安排他每天打扫女厕所。面对侮辱，沈从文看得很开，他自我解嘲道：“这是‘造反派’的革命小将们对我的信任，说明我虽然政治上不可靠，但道德上是可靠的。”

“造反派”为了显示自己的“革命”性，动辄批斗沈从文。有一次，沈从文弯腰接受批斗，背上贴着一张“打倒反动文人沈从文”的标语。等批斗会开完后，沈从文见“造反派”

散去，就从背上揭下那张标语，仔细地看了一遍，笑着说：“唉，书法太蹩脚了！他真应该好好练一练的！”

沈从文的晚辈、著名画家黄永玉曾经回忆过“文革”中的两件事：

一次，他和沈从文路过一条小胡同，听到胡同边上一个厕所里有人在吹笛子。沈从文听了一会儿，笑着对黄永玉说：“你听，‘弦歌之声不绝于耳’！”

还有一次，在另一条胡同里，他和沈从文相遇了。但是因为“文革”正处于高潮期，他们都不敢公开交谈，就彼此对视一眼，擦肩而过。这时，黄永玉听到沈从文头也不回地说：“要从容啊！”

沈从文的这种在心灵深处安装“空调器”的人生智慧，值得我们每个人敬佩和学习。

成杰感悟

在人生走过30多年后，我真的相信，人应该在心灵深处安装“空调器”。这是人生的大智慧，有助于我们度过逆境，走向成功。在当前社会，人们普遍感到生活压力巨大，容易变得浮躁、暴戾、抗压能力弱。于是，“淡定”在不知不觉间成了人们追求的一种境界。

可是，“淡定”远没有说起来那么容易做到，甚至越是口口声声说要“淡定”的人，其内心越不“淡定”。

那么，我们该如何做到“淡定”呢？

首先，我们应该学会自我调整。我们要加强内心的坚定性，去接受客观的事情，找出对自己有用的闪光点，从而平复内心，做到“淡定”。

其次，我们应该借助外界的力量。因为人与人之间存在“气场”，可以相互影响。所以，我们要常与性格恬淡的人交流，从而让自己恢复平和，做到“淡定”。

再次，我们要学会通过做事而达到“淡定”。比如，内心焦躁时，我们可以专注于做某件感兴趣的事情，来转移注意力，让内心更快地恢复平静，做到“淡定”。

最后，我们要学会自知，来保持内心的“淡定”。当我们知道自己真正需要什么，能得到什么时，就能够排除各种欲望对自身内心的搅扰，做到智慧的“淡定”。

勇敢：宁可做错事也不要无所作为

智慧语录

1981 年，我在北京市东郊体育馆，给全市高校的领导和教师做演讲。当时，在座的有北京大学党委书记。

演讲结束后，北大的领导拉住了我，邀请我到北大演讲。我面对德高望重的领导，很为难："我就是北京师范学院的一个小讲师，岂敢给北大教授做演讲？"

没想到，北大的领导不容推辞地说："我们相信你能讲好！"既然盛情难却，我就答应了。

结果，我以"敬业爱生"为主旨，结合教书育人的经验，做了《德识才学与真善美——中外文艺纵横谈》的精彩演讲，赢得了一片喝彩。

北大的领导说："在大学讲堂，呼唤李燕杰这样的教育艺术和演讲美学。"

时隔不久，我又在北京东郊国棉一、棉二、棉三厂做演讲。

演讲完毕，在听众如潮的掌声中，几位领导走上讲台。其中一位，个头不高，但精气神很足。她拉着我的手，说："李燕杰老师，你干了一件好事，你用艺术的语言宣传了我们党的精神。"

几天后，在国家外交工作会议上，胡耀邦同志讲了一句话："请李燕杰同志担任我们的巡回大使。"这之后的几十年中，我应邀到海外为使节团和留学生做演讲，在世界各地宣讲中华文化和国学精粹。

没想到，我当时的一念之勇，让我后来能够登上新的台阶。

其实，大凡成功的人，都是智勇双全的人。

歌德说："你若失去了财富，你只失去了一点；你若失去了荣誉，你就失去了许多；你若失去了勇气，就把一切都失去了。"

著名学者顾毓琇教授也说过"智者不惑，勇者不惧，诚者有信，仁者无敌"的话，其中也强调了"勇敢"。

勇敢的人，是无所畏惧的。多谋善断又勇往直前为真勇，否则为匹夫之勇。无勇者，必无识，也无胆。有胆有识的人，心明眼亮。

有理想的人，又是勇敢的人，在事业上必有所成。世界上一切伟大的运动，都与某种伟大理想有关。既不勇敢又无理想的人，与成功无缘。

勇敢的人，是奋斗的人。一个奋斗的人，是拥有激情的人。人生是一场战斗，一生一世都在与有形无形的“敌人”进行战斗。当你战胜了一切敌人，你才堪称成功者。

一个始终不气馁的人，才是有志气的人，也才是一天天勇敢地走向成功的人。最光荣的称号，往往是给最勇敢的人。最勇敢的人，是披荆斩棘又戴上荆棘冠冕的人，也是无私无畏、不怕被钉在十字架上的人。

谁想吃果仁，谁就必须砸开坚壳。连坚壳都不能砸开的人，只能被称为懒汉与懦夫，绝不会是成功者。

那些成功的人，他们宁愿做事而犯错，也不会为了不犯错而什么都不做。

我们要学习这种精神，宁可做错事，也不能为了做不犯错的“完人”而无所作为。

智慧典范

曾国藩曾经说过：“名满天下，谤亦随之。”

一个人能够成功，必然是做了很多事情。可是，当一个人做的事情越多，他犯错的机会也就越多。所以，人们对他的赞美和批评都会很多。

但是，我们不要因为怕犯错误而停止我们的努力。这方面，曾国藩以其自身经历，给我们做出了表率。

晚清时期的太平天国起义，席卷南中国，震动了整个清王朝。清政府调动大批军队，对太平军进行围追堵截，但依然无法扑灭这次起义。

当时，原礼部侍郎曾国藩正在湖南家中为母守丧。地方官得知后，出面请他组织地方民团，以抵抗太平天国起义。

曾国藩开始并没有答应，因为他知道自己是文官，没有带兵打仗的经验。而且，他考虑到战场凶险，一不小心就会遭遇不测，那么家人怎么办？所以，他一时举棋不定。

最终，他还是迈出了勇敢的一步，从而改写了自己后半生的命运，也在无意之间，改写了中国历史的走向。

1853年1月底，曾国藩前往省城长沙，就任“帮办湖南团练大臣”一职，开始了他创立湘军、投笔从戎的生涯。

不过，曾国藩的戎马生涯并不顺利，甚至迭遭凶险。

1854年年初，曾国藩率领湘军约1.7万人，在湘潭誓师出战，进攻西征的太平军。一战即败于岳州、靖港。愤不欲生的曾国藩第一次投水自杀，但被救起。

后来，湘军在湘潭获胜，转入反攻，连克名城；却在大胜之下，因轻兵冒进，再次被太平军挫败。曾国藩率残部溃退，遭遇太平军包围。曾国藩第二次投水自杀，又被随从救起，只得退守南昌。

尽管屡战屡败，曾国藩却没有止步不前。他及时总结教训，认为自己的长处并不在直接指挥作战方面，而是在用人方面。所以，他开始大力提拔军事人才，并且大胆放权，让李鸿章、鲍超、李续斌、刘铭传等军事人才尽情施展才能，将其率领的湘军将士培养成为百战精兵，为日后建功立业打下雄厚的基础。

宁愿做事而犯错，也不要为了不犯错而什么都不做。

在日本音乐界，小泽征尔是非常杰出的指挥家。他曾经在一次世界级别的音乐指挥家大赛中，用实际行动证明了这个道理。

那一次，小泽征尔和其他参赛者一样，按照评委会给的乐谱指挥演奏。在演奏中途，他发现几处与整首曲子不和谐的音乐小节。开始，他以为是乐队水平的问题，演奏错了，便停下来要求重奏。后来，他发现结果依然如此。

于是，小泽征尔要求修改曲谱。在场的几位评委郑重表示：乐谱绝对没有问题，不能换。这时，小泽征尔的内心在激烈地斗争：如果坚持更换曲谱，就代表他在质疑面前的几位音乐界前辈和权威人士，这样他很可能会被取消参赛资格；如果放弃更换曲谱，应该可以顺利完成比赛。

但是，小泽征尔的音乐修养让他做出了顺从内心的选择。他思考片刻，大吼一声："不！我相信是乐谱错了！"

话音刚落，评判席上立即响起了热烈的掌声。原来，这是评委会精心设计的一个考校环节，而前几名参赛者就败在这个环节上——他们因为盲从而被淘汰。

成杰感悟

当年，美国总统小布什在发表就职演讲时，曾经这样说道："正处于鼎盛时期的美国，重视并期待每个人担负起自己的责任……虽然承担责任意味着牺牲个人利益，但是你能从中体会到一种更加深刻的成就感。"

这些话让我感慨良多：一个国家如此，一个企业何尝不是如此呢？只有企业的每个成员都担负起自己应当承担的责任，这个企业才是有生命力的。

在我们的一生之中，需要做很多事情，难免会犯错误，需要承担责任。你不愿主动做事，不愿犯错误，不愿承担责任，看上去并没有损失什么，但实际上，你的精神在萎缩，你的境界在缩小。

当你勇敢地面对生活与工作中的每一个难题，勇敢地做事情，不惜冒犯错的风险时，那么，你会感觉到自己的成长，感觉到人生的意义。有时候，正因为我们需要做出成绩，所以我们才会不断试错。

世界上几乎没有人不会犯错。犯错，然后改正，逐渐减少错误发生的概率，直至不再犯错，这才是我们希望达到的。

用心：只有绷直，生命的琴弦才能奏出优美的乐章

智慧语录

我是一名教育工作者，演讲同样是教育的一种手段。为了演讲，可以说，我真正创造过奇迹啊！

曾经，在英国，我一天去了 4 个城市，作了 4 场报告！当地的留学生请我吃了 8 顿饭！我的飞机起降了 8 次，一天只睡 2 小时觉。有英国人惊叹地对我说："李燕杰教授，你是'铁人教授'啊！"

我在大学主讲中国文学史、中国文化史、中国图书史，在海内外开办国学、汉学等讲座。从 1977 年 1 月 25 日开始，我走上社会演讲的道路，到现在整整 40 年了。

我在北美、欧洲、亚洲880多个城市演讲6000余场，创演讲界最高纪录。我还是享受国务院特殊津贴有突出贡献的专家。

我在教学中一直进行科学研究，著书达68种。其中广受欢迎的有《大道有言》《走近智慧》《生命在高处》《总有一种方式让你脱颖而出》《不是第一，就是唯一》《人生九级浪》《铸魂·艺术·魅力》等。此外，尚有待出版的书稿32种。

我的作品《塑造美的心灵》曾经发行上千万册，在中国大陆及台湾分别获奖，《人生九级浪》在巴黎获得金奖。

我关心社会工作，关心青年及弱势群体，被联合国和平基金会称为“世界上最可爱的人”“世界八大文化圣贤”之一，还荣获国学研究等10余项终身成就奖。

我已86岁，患癌症有10余年，但我仍然顽强奋斗，所以被称为“抗癌英雄”。目前，我创建的神州智慧传习馆，面向全社会公益开放，传道授业解惑，大力弘扬正风、正气，传播正能量及大智慧。

古人讲“读万卷书”，又要“走万里路”。

为了演讲，我走遍了中国各省、市、自治区，又去了北美、欧洲等世界各地。在美国，我到过华盛顿、纽约；在加拿大，我到过温哥华、多伦多；在法国，我到过巴黎、里昂、马赛……计算下来，我在世界上走过的城市有880多个，应该说是到过城市最多的演讲家吧！

我不仅到过这些著名国家的城市，还到过他们的乡村；不仅到过世界著名的大学，还到过中学、小学甚至社区学校。这些所见所闻，都成了我演讲的素材。

此外，在练习演讲的过程中，我还善于学习他人的长处，克服自己的不足。每个演讲者都有长处和不足，善于学习的人懂得取长补短的重要意义。

鲁迅曾说过：只看一个人的著作，结果是不大好的；你就得不到多方面的优点。必须如蜜蜂一样，采过许多花，这才能酿出蜜来，倘若只采一处，所得就非常有限、枯燥了。

所以说，高超的演讲才能，只属于那些博采众长、刻苦练习、勤奋磨炼、持之以恒、执着追求的人。

我一向认为：人应该先做人，后做事，然后再挣钱。不择手段，一心想赚钱的人，最后只会血本无归。一个聪明的老板应该懂得：商品售价可打折，商品的质量和做人信誉，绝对不能打折。

一个成功者和常人相比：工作时间比别人多九成，读书时间比别人多九成，思考时间比别人多九成，吃喝玩乐比别人少九成甚至是零。

自满的人，多为少知或无知。真正有知识的人，永不自满，越有成绩越谦逊谨慎，在谦逊中大步前进。

一个人的成长，不仅是肢体的增长，更重要的是智慧的强化。有了体魄，又有了聪明，必然走向胜利。

在人生路上，存在着大大小小的挫折。无能的人，把它视为阻力；有志之士，把它视为五光十色的阶梯。

人生如一场无休、无止、无情、无尽的战斗。时刻准备迎接战斗的人，才能赢得取胜的权利。

人生，是有限度的。一个能充分利用现有条件的人，在事业上会取得使他人羡慕的成绩。如能超越人生的极限，就会使众人惊异。

切记，千万不要仅以金钱的多少来衡量一个人的成败。腰缠万贯与身无分文，尽管可区别今天的穷与富，而明日的成与败，却要看人内在储备的多与少、才智的高与低。

一个生活的强者，要善于听取别人的建议，更要有自己的主见，特别是在矛盾面前，更要善于自主选择，绝不做任人摆布的奴隶。

所以我常说：“只有绷直，生命的琴弦才能奏出优美的乐章。”

· 智慧典范 ·

凡是取得伟大成就的人，他们在事业上，都有一个共同点，就是用心。

俗语云：天道酬勤。用心、勤奋是产生天才的土壤。被人们称为“天才”的人，往往会比平常人付出更多的汗水。

鲁迅先生曾经说："哪里有天才，我是把别人喝咖啡的时间都用在工作上的。"

杰出的政治家、著名演讲家、英国前首相温斯顿·丘吉尔就是用"用心"的态度成就事业的典型代表。

丘吉尔年轻的时候，不擅长演讲，而且有些口吃。当他决定走从政之路后，他意识到，对一个杰出的政治家而言，优秀的口才是必不可少的技能。于是，他开始用心锻炼口才。

丘吉尔之所以能成为杰出的演讲家，就是因为他在练习演讲、写演讲稿和记忆这些讲稿上投入了大量心思。

功夫不负有心人，由于长时间的刻苦练习，丘吉尔的演讲达到了炉火纯青的境界。在第二次世界大战时期，他对英国民众进行的富于激情和鼓动性的演讲，鼓舞了英国人民反对德国纳粹的斗志。直到今天，人们依然对丘吉尔的高超演讲津津乐道。

"二战"期间，丘吉尔已经60多岁了，但他却依然用心工作——他每天工作16个小时，看报告、口述命令、打电话、举行会议……在他的兢兢业业下，英国军队和盟军坚持奋战，终于获得了反法西斯战争的胜利。

其实，不光是"天道酬勤"，而且"勤能补拙"。也就是说，先天条件并不好，甚至有缺陷的人，同样可以通过用心投入，来取得好的成绩。

我国戏曲大师梅兰芳，年幼的时候有着非常不利于表演的生理缺陷——他的眼睛近视，而且眼皮下垂，这就导致他的眼珠转动不灵活，眼神也不能外露。当时，他的老师认为他不会有什么前途，所以不肯教他。

酷爱戏曲的梅兰芳为了能够登台表演，就下决心苦练眼功。

他想出一个主意，驯养了几只鸽子，每天凌晨把它们放上天空。放飞之后，梅兰芳就注意观察鸽子的飞行状况，用眼神注视蓝天中翱翔的鸽子。

鸽子在天空自由盘旋，梅兰芳的眼睛也跟着运动；鸽子飞得高而远，梅兰芳的眼睛也越望越远；鸽子上下起落，梅兰芳的眼睛也随之上下活动。

日久天长，梅兰芳的眼睛有了惊人的变化——眼皮不再下垂，眼珠不再无神。他也终于如愿以偿地学到了戏曲。

到了 60 岁的时候，梅兰芳在事业上依然保持着用心投入的态度。为了演好《霸王别姬》这出戏，他精心排练。其中有一场舞剑的戏，梅兰芳为了达到最好的艺术效果，每天早起练剑，就连晚上就寝时，也在琢磨着如何挽出漂亮的剑花。

可见，凡是成功者，绝非侥幸，不外乎“用心”二字。

成杰感悟

“勤能补拙”是我崇尚的人生信条，也是我自身亲历的经验总结。

当我跨入演讲这个门槛后，我觉得找到了能让自己“有所作为”的行业。为此，我决心让自己不断前进。

但是，因为我出身贫苦，读书少，所需弥补的知识、技能还有很多。而我又不是天才，所以只有靠勤奋了。

起初，我没有严格的训练计划，只是每天早上6点钟起床，勤奋地练习演讲。

后来，我给自己制订了一个“在黄浦江边演讲的101计划”。

此后连续101天，我每天同一时间起床，做完俯卧撑后，拿着书跑步3公里到黄浦公园的外滩广场练习演讲，无论天气如何，别人看我的眼光如何，我都没有放弃过。

正是这样的磨炼，使我最终跨入了演讲行业的门槛，并且在此后的征途之中，不断成长和提高。

自卑：失去自信，也就失去了前进的动力

智慧语录

有人问过我："李老师，你这么善于演讲，肯定从小就特别外向吧？"其实不然。

大家可能想不到，我从小就不爱讲话，更不爱在大庭广众之下讲话。刚参加工作的时候，我连在小组会上发言都不敢。人们都说我腼腆，像个大姑娘。

后来，我参加南下工作团，做群众工作之后，经过慢慢锻炼，就敢在众人面前讲话了。而且，我的经历足以说明，即使一个口才笨拙、不敢面对群众讲话的人，只要肯努力实践，刻苦学习，并且把演讲与事业连在一起，也是完全可以成为很好

的演讲者的。

因为演讲，我经常和各种人士打交道。

在中国，我遇到一个叫石洪的女青年。她是残疾人，但是她对我说："你如果把我当残疾人，你对我的许多想象、要求，都会降低标准。耳聋对我来讲微不足道，我从来不把自己当一个残疾人。这不是自我安慰，是自我激励。"

无独有偶，在美国，我认识了"美国的张海迪"——史密斯·凯文。她是个盲人，但是她对我说："我这一生中，不把自己看作一个残疾人。而且，我千方百计地让人们感觉到我不是残疾人。我帮助你，目的不是让你回报我，因为我懂得，我帮助你以后，你还可以帮助别人。"

这两位残疾人朋友，深深震撼了我。她们让我明白：一个人不应当总是说"我需要生活"，而是要经常对自己说"生活需要的是我"。

这就是非常重要的品质：自信。人要是失去自信，也就失去了前进的动力。

自信的人，会肯定自己，欣赏自己。人生在世，可以欣赏的东西太多了，但你永远都不能忘记欣赏自己。要能靠着重新审视自己并恢复自信。

即使上帝给你送来的是阴冷与黑暗，你也不要放弃自己的自信力。因为上帝没有剥夺你追求光明、创造温暖的权利。黑暗，并不可怕，可怕的是你没有向往并追求光明的勇气。冷，

并不可怕，可怕的是你没有追求并获取温暖的智慧。

当你走入失败者人群的时候，你会发现，他们之所以失败，都是因为他们从来也不曾走进足以令人兴奋、鼓励人前进的环境。一个人要善于从迟疑当中、消极当中、烦闷当中拔出来，进入奋发立志的环境，这种环境可以说是无价之宝。

所有的成功者，尽管他们的出身、学历、境遇、职业和个性等各不相同，但有一点是相同的，那就是自信主动。

自信，是成功的第一要诀。一个人如果不相信自己能完成一件事，那么他永远也不会成功。**一个人成功的大小，永远不会超过他信心的大小。**

所以，对一个自卑的人来说，学会自信，是寻找到前进的动力，是走向成功的第一要务。

智慧典范

世界上有很多名人，他们在成功之前，都有过自卑的心路历程。而当他们战胜了自卑，也就找到了前进的动力，从而获得了人生的成就。

杰出的军事家、政治家拿破仑和优秀的政治家林肯，都是克服自卑后走向成功的代表性人物。

拿破仑在小的时候，曾经长期因为身高和语言表达的问题而自卑。他生来身材矮小，身高常常被人嘲笑；在法国巴黎求学的时候，他满嘴的科西嘉土语，也经常受到同学们的戏仿。他对此非常生气又无可奈何，内心充满失落感和自卑感。

但是，拿破仑没有沉沦，他暗暗发誓，要找回自信，要让所有人对他刮目相看。于是，他像变了个人似的，努力学习，通宵达旦，同时，他耐心纠正古怪的口音，终于以优秀的成绩从巴黎皇家军校毕业，成为一名具有优秀军事素养的军官，也得到了同学们的敬意。

此后，在一系列政治运动中，拿破仑以其无比强大的自信心，搅动历史风云，最终达到了人生的巅峰，成为法兰西帝国的皇帝。

拿破仑的成就，是靠战胜自卑，一步一步积累而成的。

与拿破仑受到外界压力而自卑不同，林肯的自卑心态，更多来自他的家庭。

林肯的父亲托马斯·林肯是个农民，没有文化，也毫无理财和家庭教育的观念，被后世林肯传记的作者称为“最没有教养的粗人”。林肯的母亲是个勤劳善良的女人，可惜很早就去世了。

1809 年的 2 月，林肯出生于这个穷困的家庭的一张铺着玉米皮的床上。在他七八岁的时候，全家又搬迁到印第安纳州南部的荒野。那些年，母亲带着林肯和其他几个孩子，在破屋子里度过严酷难熬的寒冬。由于只能靠猎物和坚果度日，林肯时常挨饿。可以说，贫穷是林肯对于早年家庭生活的最大感受。

也因为家庭的贫困，林肯很小的时候，就在姐姐带领下，帮助妈妈搬柴、烧火、提水、种地。他在劳动中锻炼了体格，但也形成了忧郁的性格和自卑的心态。

林肯 9 岁那年，他的母亲患病去世，年仅 35 岁。母亲的去世，对年幼的林肯打击十分巨大。

过早失去母亲的林肯，自卑心态愈发严重。苦难、单调、乏味、孤寂的童年，形成了林肯孤僻的性格和自卑的心态，以至于林肯从来不敢在人前大声讲话。

幸运的是，林肯最终走出了自卑的阴影。在前半生，他做过各种工作，但是无论干什么，他都始终没忘记学习。

林肯抓紧一切空闲时间刻苦自学。他买来大量文学、历史、哲学、法学等著作，利用业余时间通读、背诵，积累下丰富的知识。

在学习的过程中，他对政治产生了很大的兴趣。他意识到，要想做一个合格的政治家，必须积极从事政治活动，必须学会在人前侃侃而谈。而这些，需要他战胜自卑，学会自信。

于是，他利用一切机会锻炼自己，终于抛下了自卑心态，可以从容、自信地面对公众演讲、交流了。

1834 年，25 岁的林肯当选为伊利诺伊州议员，开始了他的政治生涯。在此后的数十年中，他以其强大无比的自信心，一步步登上总统宝座，并且通过南北战争、废奴宣言，成为美国历史上最伟大的总统。

成杰感悟

自卑或自信，是一个人能否成功的决定性因素之一。

做演员的人，第一堂课就是“解放天性”。他们会模拟各种动物、人物，来让自己抛弃自卑、羞怯的心理。这样，他们无论表演什么角色，都不会放不开了。

演讲也是一种表演，需要解放天性，脱胎换骨后就会信心满满，得心应手了。

有很多人，怕上台演讲，我主张要勇敢突破。比如，一个人学演讲，开始必然精神紧张，上台后手足无措，但是经过几次、十几次、几十次的锻炼后，他就能收放自如，游刃有余了。

一个人永远不敢当众讲话，那他无论如何也成不了演讲家。

初学者上台前，应另有所思，主要是揣摩听众的心态，思考讲什么、怎么讲，并确立自己如何信心百倍地开始自己的演讲。如果做不到这一点，就应当想办法为自己创造一个和谐的环境，使自己形成一个坦然的心态。

办法很多，比如：上台前，先喝一口茶，润润嗓子；看看全场听众，形成情感和目光的交流；背一背头几句台词，开头讲好了，就可以为此次演讲打下良好的基础；还可以想想列宁、孙中山、毛泽东等演讲家的形象、气势。这些做法都有助于初学演讲的人克服紧张怯场情绪。

具体来说，人该怎样克服自卑情绪呢？我认为要做到以下几点：

第一，要不断地为自己“打气”，鼓励自己，经常提醒自己要强化自信力。反正，自卑肯定不行。

第二，研究自己有哪些强项，比如语言流畅、口齿清晰、知识面宽，身材高大……多看看自己的优点，容易增强自信心。

第三，不要怕失败，有了可能失败的精神准备和努力战胜失败的决心，就有可能成功。

第四，勤学苦练，笨鸟先飞。

第五，不怕批评，不讲泄气的话，气可鼓不可泄。

总之，只要努力，敢去突破，自卑心理是可以克服的。

懈怠：怠惰增一分，失败近一分

智慧语录

奋斗的人生，才是通向成功的人生。

挫折可以置人于死地，而奋斗可以置之死地而后生。我坚信：山阻石拦，大江毕竟东流去；雪辱霜欺，梅花依旧向阳开。

春天播下种子，秋天才能结果。离开奋斗的沃土，天才的种子也不会得到春华秋实的喜悦。

大成功需要大奋斗。成功有大有小，有多有少，命运告诫我们：只有那些具有超人的、不懈奋斗精神的人，才能获得大的成功。

不要因为胜利而沾沾自喜，不要因为失败而一蹶不振。每个成功者，都是不畏艰难、勇于奋斗的强者。**强者，绝不屈服于命运，而是要向命运挑战。**

不敢攀登高峰的人，永远攀登不到高峰；不敢同冠军较量的人，就永远成不了冠军。

奋斗者的人生，在拼搏中磨砺，在奋进中出彩，在创造中结果，在艰难险阻中走出自己的道路。

在奋斗中，有九十九次失败，有一次成功，你的奋斗就没白费，而且赢得双重收获，既有成功的经验，又有失败的教训，而教训往往比成功更值得重视。

为了个人而奋斗，一旦处于无助的逆境，必然心灰意冷；为了集体、为了人民去奋斗，即使遭遇了失败，也会从群众中感受到力量。

我相信"勤能补拙"这句话。踏上勤奋的阶梯，方可达到智慧的高峰。只有勤奋加上智慧，才有可能实现成功的理想。

勤奋，犹如一把钥匙，它能打开成功之门。当成功之门开启时，你会一通百通。那些怠惰的人是与成功无缘的。

理想，是勤奋者的方向。恒心，是勤奋者的至宝。成功，是勤奋者的报偿。勤奋，则可变有限为无限。

当怠惰者让时间悄悄流走时，勤奋者却让时间变成胜利的果实。没有追求的人，不会有奋斗。一个不能奋斗的人，则无勤奋可谈，更无成功可言。

不埋怨上一代，不指责下一代。下定决心勤奋执着地靠自己这一代。勤于思考，勤于实践，勤于总结，在事业上必有所成。无论成绩大小，都是思考、实践、总结的果实。

勤奋的人，不一定事事都能成功，但成功必定属于勤奋者。成功的火花在勤奋中迸发，失败者的事业在疏懒中泯灭。

奋斗增一分，成功近一分；怠惰增一分，失败近一分。怠惰与失败如影随形，奋斗与成功亦是如影随形。

· 智慧典范 ·

奋斗与成功、怠惰与失败，都有着如影随形的关系。在中国文学史上，有两位著名文人的事例，足以说明这一点。

南朝著名的政治家、文学家江淹，少年时家里贫穷。但是他勤奋好学，“六岁能诗”，文采斐然。他最为人称道的是辞赋，有名作《恨赋》《别赋》传世，堪称一代宗师，与另一位文学大家鲍照齐名。可以说，南朝的辞赋发展到“江、鲍”之时，达到了一个高峰。

江淹的诗作成就虽不及他的辞赋，但也不乏优秀之作，在南朝诸家中尤为突出。他“善于模拟”，即努力学习、模仿古人的作品，在当时流行的绮丽诗风当中独树一帜，写出了不少峭拔苍劲的诗篇。

因为勤奋，江淹在很年轻的时候，就成为鼎鼎有名的文学家，在当时获得极高的赞誉。

可是，步入中年以后，由于官运亨通，安于享受，他不可避免地才思减退，创作上落入低潮。当时的人们都很惋惜，说江淹的文章不但没有以前写得好了，而且退步惊人。到了齐武帝时期，江淹就很少有传世之作了，所以被人们称为“江郎才尽”。

其实，并不是江淹的才华已经用完了，而是他在当官以后，仕途顺利，政务繁忙，造成了文学上的懈怠，导致文章失去了才气。

无独有偶，类似的事情也发生在宋代的天才少年方仲永身上。

北宋时期，金溪有个叫方仲永的孩子，他幼年聪慧，5 岁时就能写下很好的诗句，并题上自己的名字。这个天才少年的事迹轰动了方圆百里。人们纷纷来到方仲永家，指定事物让他作诗，方仲永几乎都能立刻完成，并且诗的文采和道理都有值得欣赏的地方。

当地的人们对少年天才方仲永十分感兴趣，甚至愿意花钱让方仲永写诗。方仲永的父亲认为有利可图，就每天带着孩子四处挣钱。这样，几年过去，因为学习上的懈怠，方仲永再没有进步的机会。

方仲永长大后，变得和普通人并无二致。

这件事让文学大家王安石感慨不已，他认为，方仲永最终成为一个平凡之人，是因为他父亲的缘故，导致他在学习上懈怠了，所以成了一个悲剧。后来，王安石把这件事写成了《伤仲永》一文。

成杰感悟

我想很多企业家都有这样的感觉：做事业，如同逆水行舟，不能有一丝一毫、一时一刻的懈怠。否则，你的事业、你经营的企业就会与失败“挂钩”。

经常有人对我说：“你们做企业的，到了一定程度，是不是就很悠闲了？你看电视剧里面，很多企业老板或是西装革履地出现在某个高端酒会，或是潇洒风流地徜徉在高档会所……”

对此，我只能说：那只是电视剧，现实中并不是这样的。

据我的了解和感受，每一位有责任感、想把企业真正经营下去的民营企业家，都没有电视剧中的老板那样悠闲。

恰恰相反，这些企业家的时间都很宝贵，几乎是按小时、按分钟来计算的。他们不是在走访客户、洽谈合作，就是在调研市场、制定规划，整天过得无比充实，无比紧张，哪里有时间像电视剧里那样生活呢？

为什么会这样？我们这么忙，到底是为什么？难道我们不想过轻松惬意的生活吗？

当然不是。我们这么忙碌，一刻不敢懈怠，就是因为我们的责任感，一想到企业里还有数百、成千甚至上万的员工，就注定了我们不能懈怠。

第四章

宽大为怀，有风而无波：

谈胸怀

禪心 仁心 靜心 道心

包容：居高临下，方可高屋建瓴

智慧语录

我在全国做报告的时候，有很多故事。

有一次，我在鞍山给鞍钢的员工做报告。讲完以后，鞍山的领导人要请我吃饭，我就在一个会议室等着。突然间，闯进来一个女青年，拿着笔记本，要我的签名。

我正要签，领导秘书却挡住了她。我忙问怎么回事，秘书说："这人是失足女青年！"我就说："越是这种人让我给她签名，我就越应该给她签。"签了以后，那个女青年告诉我，她在当地，公安都不敢惹她。她很感激我，没有歧视她。

后来，这件事上了报纸。

一天早晨，6 点多，我听见门铃响，打开门一看是那位女青年。她拉着一个男青年，对我说："李教授，我再请您给我签个名。我变好了，这是我丈夫。"

海纳百川，是宽容。山容万木，是宽容。为了成就一番事业，我们必须宽以待人。就像荀子说过的，君子贤而能容黑，知而能容愚，博而能容浅，粹而能容杂。

还有一次，有一位企业家，他拥有 120 多项专利，却倒霉透顶。他的爱人跟副总在一起了，厂子也破产了。绝望的他守在我所在的大院，等了 7 天，就只为找到我给他解惑。

一见到我，他就眼泪哗哗地说："李老师，我一直做的都是好事，但是不得好报。我不明白，我该怎么办呢？"

我就安慰他："你手握 120 项专利，还有什么困难克服不了？你先回家，冷静一下后继续奋斗，写研究材料。"

这位企业家答应了，可是他并没有离开，原来他兜里一分钱都没有。我当即就把自己刚领到的 1000 元稿费送给他做路费。

后来，这位企业家解决了所有的问题，送给我一个特殊的拐杖报答我。他说，这个拐杖是他专门到黄山，用亲手砍的花椒树枝精心手工打造出来的。

我还收过很多徒弟。有人收弟子，只选好的，不要差的。我觉得不能这样，我主张"有教无类"。就像清代的顾嗣协说的那样：骏马能历险，犁田不如牛。坚车能载重，渡河不如舟。舍长以取短，智者难为谋。生材贵适用，慎勿多苛求。

一个善于团结人的人，才是能干大事业的人，也一定是宽以待人的人。

宽宏大量的人，不以一己得失为得失，而是以众人得失为得失。君子盼望天下富，小人发的是一家财。心胸宽，视野宽，人多，路也宽。小草，有小草的价值；大树，有大树的价值；高山，有高山的价值；大河，有大河的价值；不同的人，各有各的价值。

海不辞水，故能成其大；山不辞石，故能成其高。有谦才有容，有容方成其广。这是古人给我们的启示。

智慧典范

宽宏大量，是一个重要的理念。宽宏之人，则大量。大量之士，则宽宏。宽宏大量利于聚贤，利于成功。

伟大的革命先行者孙中山先生，是一个能够以海纳百川的胸怀广泛团结他人的大人物。

1894 年，孙中山先生志在革命，创立了反清救国的组织“兴中会”。从此，他积极奔走于亚洲、美洲、欧洲各国，多方筹划发动革命。

1905 年，孙中山先生团结各方反清义士，在东京成立同盟会。孙中山先生被推为总理，黄兴被推为执行部庶务。大会确定了“驱除鞑虏，恢复中华，创立民国，平均地权”的十六字纲领。

据当时的人回忆，孙中山先生“眉宇轩爽，神情活泼”，有着“罕见的人格魅力”。他以谦恭、朴实的态度，对朋友们一往情深，能够以海纳百川的胸襟对待各界革命志士。

孙中山先生多次接待来访的中国留日学生，他们中的多数人未曾见过孙中山先生，一些人更是倨傲，以为孙中山不过是江湖人物而已。但是很快，他们就被孙中山先生海纳百川的伟岸气度所折服。

1909 年，孙中山先生在美国演讲，足足演说了 3 个多小时，感动了很多聆听者。当时，现代武术家马湘先生是加拿大华侨领袖的子弟，他恭敬地对孙中山先生说：“我要追随先生革命！”后来，他果然成为孙中山先生的卫士长和副官。

宽容之人，既看到别人可原谅之缺点，又善于利用有缺点之人的长处。

付出，总会有回报。付出，是宽容，是友善。回报也如斯。宽容，是一种修养。凡有德之士，往往有宽以待人之心。

毛泽东，也具有海纳百川的气度。他在带领部队上井冈山的时候，就成功折服了占山为王的“山大王”王佐。

当时，毛泽东带领部队在井冈山下安营扎寨。他并没有急于上山，而是只带随从数人前去和对方会面。曾经有人劝过毛泽东，说对方是占山为王的土匪，怎么能够理解革命呢，或许还会对毛泽东不利。

毛泽东却觉得，共产党人要相信穷人出身的“山大王”，才能够团结起来进行革命。

见到毛泽东只带了几个人来赴约，王佐的戒心放下了很多。

毛泽东耐心讲解，向王佐说明了“中国工农革命军是穷困百姓的子弟兵”“中国共产党是天下穷人的救星”等道理，并且说，愿意支援对方一些枪支。这正合了王佐的心意。

当毛泽东问他们需要多少枪时，王佐有些犹豫，他怕说的数字多了，毛泽东不答应。毛泽东见状，很爽快地说：“给你70支够不够？”这个数字大大出乎王佐的意料，他高兴地表示，愿意接纳毛泽东的部队上井冈山。从此，毛泽东带领红军找到了一块可以立稳脚跟的地方，革命队伍越来越壮大。

成杰感悟

晚清的民族英雄林则徐在任两广总督时，在总督府衙题书的堂联：“海纳百川，有容乃大；壁立千仞，无欲则刚。”

“海纳百川，有容乃大”这句话，对于企业的领导者来说，至关重要。

企业的领导人，必须有容人之量。

身为领导者，你或许在许多方面都十分优秀，有过人之处。但是，你不可能在一切方面都超过别人。所以，领导者应该以“海纳百川”的气度，聚拢一切能够聚拢的人才，使他们为你所用，成为你团队里的人。

所谓“人无完人”。即便是才华横溢的人，也会有缺点。所以，身为领导者，还要容忍团队中他人的过错。这并非是采取姑息的态度，而是指对人不求全责备，不因为小过错而弃之不用。一有过失，便置之不用，是对人才的浪费。所以，只要犯错者肯改正，领导者便应该信用如初。

如果领导者能够做到这几点，一般人都会由此而产生“士为知己者死”的心念，会更加努力地投入到企业的发展事业中，这对企业的长久兴盛非常有利。

友善：不要等死神降临时，再想去帮助别人

智慧语录

善，是人的美好品德。人要友善，要懂得助人为乐。与人为善，是待人处事的准则。与人为善，是团结人的准则，同时也是走向成功的准则。

有些人直到死神降临时，才想到用自己的财富去帮助处于困境中的人。其实，这是用别人的财富去施舍，已经失去了助人为乐的本来意义。

当你身处幸福的时候，不要忘记世上还有许多不幸的人。当你自己得到幸福时，不要忘记那些把心献给你的人。

我还要提醒你：当那些把心献给你的人的心都冷却，你将

失去一切。

善有善报，恶有恶报，不是不报，时候未到。这是世间万物运行的因果规律。一个不干好事的人，处事待人，皆心存恶意，经常处于忐忑不安的状态，在生活中怎能安宁呢？一个不安宁的人，怎能以健康的心态进行工作呢？

“为善如筑台，成功由积累”是陆游的名言。《三国志》中也有：“勿以恶小而为之，勿以善小而不为。唯贤唯德，能服于人。”

一个人处事为人，多换位思考，不仅利于团结，而且利于事业成功。白居易讲：“乐人之乐，人亦乐其乐；忧人之忧，人亦忧其忧。”

雷锋做了善事不留名，实际上也是继承了中华民族优秀传统道德。

古人说：“遗其功而功常存，忘其善而善自全。”《孔子家语》：“终身为善，一言则败之，可不慎乎？”一个成大事业的人，必须处处从严要求自己。

人生在世，做一二善事易，做一生好事难。智者的结论是：终身为善不足，一旦为恶有余。

近朱者赤，近墨者黑，染苍则苍，染黄则黄。一个矢志成功者，要有这样的决心：闻一善言，见一善行，行之唯恐不及。闻一恶言，见一恶行，远之唯恐不速。

为善，并非做“老好人”。有人说：老好人，不是好人。

老好人自己不一定办坏事，然而他往往成为坏人的帮凶。

为善，应当体现在行动上。为善，只挂在嘴上，那一定是伪善。伪善的人，就是伪君子，就是《圣经》里批判的法利赛人。

人类社会总是趋向于善的。人之初，性本善，虽可争论，但人类社会应当向善，却是不必争议的。

郭沫若在《黄钟与瓦釜》中说："黄钟之与瓦釜，就是善与恶、是与非、美与丑、正与邪、真理与诡辩，永远是对立一时，而前者总是获得决定的胜利。"

友善不应只是作为一种口号，更应该作为一种道德观念影响着人们在人际交往中的态度和行为，让人们用一颗爱心、真心、诚心去对待他人，让人们感受到生活的快乐和美好。友善具有普遍适用性，是基础的价值观，和年龄大小、职业分工无关。

想要做到友善，不需要惊世骇俗的能力、富可敌国的财力，也不需要什么毫无保留的无私奉献，只要我们转变一下态度和观念，每个人都可以是一个友善的人，一个可以激发社会正能量的人。

智慧典范

中国历史上有很多名人，他们与人为善、乐于助人，留下许多脍炙人口的故事。

我国东晋的著名书法家王羲之，以其“矫若惊龙”的书法闻名天下。但是，他不肯轻易给人写字，以至于他的字千金难求。

有一年春季，风和日丽，天清气朗，王羲之去踏青。他在路上走着，心中十分轻松。

这时，一位贫苦的老婆婆在路边抹眼泪。王羲之看到后，很是好奇，就上前询问原因。

老婆婆不认识王羲之，对他诉说起自己的痛苦来。原来，老婆婆的丈夫生病了，她为了赚些药钱，就提着一篮竹扇在集市旁叫卖。可是好几天了，都没有人买。眼看着丈夫病情加重，她却没有钱买药。

王羲之听后，非常同情她，就帮老婆婆在每把扇子上都题上字。他告诉老婆婆，说：“你就说这是王右军题的字，一定可以卖出去的。”

老婆婆将信将疑，照样吆喝了几声。果然，人们纷纷围拢来，抢着购买。一篮子竹扇很快被抢购一空。老婆婆非常高兴，对乐于助人的大书法家王羲之感恩不尽。

北朝魏、齐时，赵州有位叫李士谦的读书人，他家非常富有，他为人慷慨，经常周济乡亲们。

有一年，收成不好，许多人家都断了粮。李士谦就拿出一万石粮食，贷给缺粮的乡亲们。第二年，庄稼依然歉收。借粮的人们都恳求延期偿还。李士谦请欠粮的人吃饭，当着大家的面烧毁全部借据。大家感动得连声道谢。

后来，粮食丰收了，借过粮食的人都来还，李士谦坚决不收。像这样的事情，李士谦做过很多。因为他乐善好施，所以，当他去世的时候，赵州一带有上万人来为他送葬。

我国现代著名文学家鲁迅先生也是与人为善、助人为乐的一个人。

当时，他住在上海。夏日天气炎热，来回奔跑的人力车夫们经常因为缺水而嗓子嘶哑。鲁迅就和开书店的日本朋友内山完造商定，在内山书店的门前摆上一个桶，里面装满免费供应的茶水，让来往的人力车夫们饮用。

鲁迅在晚年的时候，曾经救助过一个受伤的车夫。那天黄昏时分，天气寒冷，北风呼啸，离鲁迅家不远处，一个人力车夫因为光脚拉车，不小心踩到碎玻璃，插进脚底的玻璃片使他伤痛难忍，无法回家，他只好坐在地上呻吟。

鲁迅得知这件事后，和弟弟周建人拿了药和纱布，把那个车夫扶上车子，帮助他清理伤口，敷上药，扎好绷带。鲁迅还拿出一些钱，送给那个素不相识的车夫，嘱咐他在家多休养几天。

孟子曰：“与人为善，善莫大焉。”

这句话，我牢记于心，以此来提醒自我，并且让我受益匪浅。一直以来，我与人为善，从不轻易给人脸色而让别人难堪，从不随意说别人闲话而让别人记恨。当有能力帮助别人时，我尽其所能。这让我得以受到很多人的欣赏，其中不乏成功人士。

我理解的“与人为善”，就是对人友好、善待，对人理解、包容，就是待人接物时以善心相对。在当前这个社会，各类道德滑坡事件屡屡发生，我们每个人都应该努力去做一个友善的人。

我们不应该吝啬自己的友善，要知道，付出总会得到回报。我们对别人友善，会得到别人回馈的友善。

赛涅卡曾说：“如果想获得别人喜爱，就得先去喜爱别人。”

当我们先释放“喜欢对方”的良性信息时，对方也会“投桃报李”地响应；当我们真诚地对待对方时，对方必将“看在眼里”，进而“心受感动”地善意响应。

我们可以把友善当作为人处世的态度，在日常生活中随时表现出来。比如，与人相遇时的一个微笑，受到帮助后的一声道谢……真正的友善，在我们日常的一言一行里。

与人为善，不仅是一种品德，更是一种人生的境界。在生活中，很多人往往为了一件鸡毛蒜皮的小事而耿耿于怀，既让自己生气，又得罪了其他人。如果我们能以与人为善的态度面对所有人，那么不仅减少了不必要的摩擦和纷争，也会减少许多烦恼。

利众：在他人的幸福中实现自我

智慧语录

人，在选择事业时，往往会被事业所选择，因为人类的需要，会引发有志者的行动。每个人的一生总是希望献给一桩事业，然而，真正有智慧的人，总是被社会需要所选择，为社会需要而献身。

如同我，就选择了教育这个伟大的事业。演讲，也是教育的一种方式。

在多年的演讲生涯里，我收获了很多听众，也受到了广泛的赞誉。虽然在我看来，我只是尽到了一个教育工作者的责任。但是，听众们的热情和肯定，让我觉得，我的人生价值得到了体现，也就是在他人的幸福中实现了自我价值。

1980 年，我出了车祸。在被撞伤后，还未痊愈的情况下，我就坚持上台演讲，因为我离不开我亲爱的听众们。那时候，我背着医疗护板，四处开讲座。每次演讲，大家都非常关心我的伤情，嘘寒问暖，让我非常感动。

最让我感动的是，自从我发生不幸后，来看望我的青年超过 1000 多人次，平均每天来 20 个人。他们还带来了各种礼物，有买的，有自己做的。

有一个男青年，他利用休息时间，给我制作了一个手杖。他在上完“夜大”后，晚上 10 点，将手杖送到我家里。

有一个女青年，来看我，对我说：“李老师，我还没上班挣钱呢，我给您送来一个梨、一个苹果。”

还有一个女青年，她在听过我的报告录音后得知我受伤，花了 6 角钱买了一本《电影画报》送给我。她对我说：“李老师，您是大学老师，平时绝不买这种娱乐杂志。现在，您躺在这儿休息，也该看看这本杂志，消遣消遣了。”

可见，人，终究要在他人的幸福中实现自我。

人活着靠运气，活下去靠勇气，活得潇洒而有意义，要靠人气。一个人奉献得多，他的价值就会递增。一个人索取得多，他的价值必然递减。

人生的意义，在于创造一个有价值的人生。人活着，能给别人带来幸福，这无疑是一种有价值的人生。

有价值的人生，不仅带给别人幸福，而且使自己也生活在幸福之中。一个给别人带来了幸福的人，较之一个只为自己幸福而存在的人，拥有更加有价值的人生。

这种人生观不仅值得骄傲，而且值得赞赏。

智慧典范

我国著名的科学家、农学家袁隆平，就是一个通过“利众”，在他人的幸福中实现自我价值的典型人物。

在20世纪80年代，很多中国人都听说过这样一句风趣的话：“中国人能够吃饱饭，要感谢‘两平’：感谢邓小平的改革开放，感谢袁隆平的杂交水稻。”

可以说，袁隆平研究出的杂交水稻在全国大面积种植、推广，不但解决了中国人的吃饭问题，而且保障了国家的粮食安全，为我国做出了历史性的贡献。

袁隆平出生于1930年，在战乱和饥荒中度过青少年时代。这让他立志成为中国的农学家，为解决中国人的吃饭问题而奋斗。

数十年中，袁隆平夜以继日地从事研究工作，终于取得了惊人的成果——从一般杂交稻的研究成功，到超级杂交稻一期、二期、三期的成功，他将我国水稻的产量从平均亩产300

公斤左右，先后提高到500公斤、700公斤、800公斤……到2006年，我国累计推广种植杂交稻56亿多亩，每年增产的稻谷可以多养活7000多万人，成功地解决了中国的粮食问题。

不仅如此，袁隆平对世界农业的发展也贡献巨大。他将杂交水稻推广到全球30多个国家和地区，解决了很多地方的粮食缺乏问题。

1987年，鉴于袁隆平的巨大贡献，联合国教科文组织颁发给他“科学奖”。

2001年，中国政府颁发给他2000年度“国家最高科学技术奖”。

2004年，世界粮食奖励基金会颁发给他“世界粮食奖”。

2007年，袁隆平就任美国科学院外籍院士。

这位“杂交水稻之父”以其卓越的贡献，获得了世界人民的尊敬和认可。

诺贝尔奖获得者、法国科学家居里夫人，是另一个通过“利众”，在他人的幸福中实现自我价值的典型人物。

1898年，玛丽·居里（居里夫人）在法国科学院宣布了她和丈夫皮埃尔·居里的一项惊人发现——天然放射性元素，镭。她是第一个登上法国科学院讲台的女性。她的报告使全场震惊，也让物理学进入了一个新时代。

为了提炼纯净的镭，居里夫妇搞到1吨可能含镭的工业废渣，在院子里支起了一口锅，一锅一锅地进行冶炼，再送到化验室溶解、沉淀、分析。历经3年多，他们终于从成吨的矿渣中提炼出了0.1克镭。

居里夫人因为发现镭和分离出金属镭，两次获得诺贝尔奖。她本可以躺在任何一项荣誉上尽情地享受，但是她却为了大众，无私地做出了奉献。

1920年，一位美国记者采访了居里夫人。此时，镭已经问世18年，它每克的身价高达75万金法郎。所以，这位美国记者推断，居里夫人仅凭专利技术，就可以腰缠万贯了。

然而，事实让她大吃一惊——居里夫人在发现镭之后，就毫无保留地公布了镭的提纯方法。对此，居里夫人的解释是："镭是属于全人类的，没有人应该因它而致富。"

成杰感悟

在我演讲的过程中，我愿意和大家分享自己的成功经验，以及我信奉的人生道理。

我始终信奉这样的人生哲学，这句话到现在已经帮助了很多人，那就是——"利众者伟业必成"。

凡成大业的人都是利众利他之人，同样，凡利众利他之人必成大业。

我们伟大的革命先行者孙中山先生，凭什么能够推翻帝制，建立民国，就是“天下为公”四个字。因为这四个字，孙中山先生呕心沥血、奔波劳碌、传播革命理念、发动革命起义，最终得以实现共和。他去世之后，“天下为公”这四个字被刻在他的墓碑上。

我们伟大的领袖毛主席，凭借什么领导全国人民建立起了新中国，就是“为人民服务”这句话。这句只有五个字的话，让新中国在满目疮痍中站立、发展、崛起。直到今天，“为人民服务”这五个字仍旧放射着耀眼的光芒，在各个领域体现着它不可估量的价值。

这些伟人，身体力行地印证了这个道理——“利众者伟业必成”，在他人的幸福中实现自我。

奉献：价值在贡献中实现，生命在事业中延伸

智慧语录

人这一生，要选择一项事业，无私奉献。你的人生价值在贡献中实现，你的生命在事业中延伸。为了事业，竭诚尽智，才能取得最大的成效。求爱者得爱，求成功者得成功。殚精竭虑为人类做贡献的人，必有所成。

人的一生是短暂的，在短暂的生命中，真正辉煌的往往体现在奉献自己而燃起的火焰中。有了坚强的意志，有了奉献的精神，就有了成功的前提条件。人活着，不仅要看你怎么做，做得如何；还要看你的社会价值如何，要看你给社会贡献了什么。

我同意这种见解：只有当人基于责任心为人类做贡献时，这种人才是伟大的。心中有了光，就有了希望。为了奔向光明，即使牺牲自己，也在所不辞，这种人必将有所成。

人生的价值不是用时间来衡量，而是用他对大多数人做的贡献来判断。真正伟大的人，都是奉献多于索取的人。

李苦禅说，为名利作画，画格、人格越来越低下。我说，为名为利而生活，在事业上必然趋于卑微。自私的人，是不会奉献的。自私的人，必然是虚伪的。

人的一生价值如何，只能听凭别人议论。好耶？歹耶？是耶？非耶？只要有人议论，就证明你的存在。人活了一生，无人议论，才是一大悲剧。正所谓：“能受天磨真好汉，不遭人嫉是庸才。”

人生在世，自己的理想越符合时代的需要，就越有意义；越符合人民的要求，就越有价值。个人的理想与时代的需要交合越多，就越有益；个人的抱负与人民意志越吻合，就越能提高自己的生存价值。

人的一生，总要走上坡路，即使是吃力地爬坡，也不要滑坡；一旦滑坡，就很难实现自己的梦想，更难实现自己的人生价值。在浅薄的人面前，凭借谎言哗众取宠，也许暂时会赢得掌声。但谎言一旦拆穿，这种掌声就一钱不值。

忠诚与勤奋是通向成功之路，也是实现人生价值之源。好人，不做坏事；坏人，难做好事。一字之差，天壤之别。我们为什么不选择做好人、干好事呢？“声誉之于痞赖，如驴子之于铃铛，越是闻名遐迩，越是臭名昭著”。我赞成这种见解。

人生的价值，不宜用时间长短来评价，也不能用生命长短来判断，要看他贡献的多少，为人类做事的多少和大小。向上，是青年的憧憬。向前，是志士的理想。永远向上，永远向前，是实现人生价值的必要条件。

价值，要接受群众的审视。人生，没有绝对意义上的最好。只有在实践中、在不断的追求中去争取更高的境界。价值，不是自己说有就有，而是自己在追求价值中，能够符合群众的要求。

一个人，如果不和社会接触，不能为社会、为他人做贡献，那不仅不能实现自己的价值，而且必将被社会淘汰。价值，是需要通过努力才能实现的，同时，也是需要展示才能让他人理解的。

一个人为了实现某种价值去冥思苦想，却不见得能实现。只有既宠辱不惊，又有一种积极心态，才能在不知不觉中实现自己的价值。为了实现自己的价值，往往会遇到各种矛盾、困难，因此也会形成压力。要经受得起这种考验，泰然处之，才能以不变应万变。

因此，就像我说的那样——价值在贡献中实现，生命在事业中延伸。

· 智慧典范 ·

美国著名的科学家、发明家爱迪生，是一个将一生都奉献给了科学发明的人。他除了吃饭、睡觉、活动，每天工作十几个小时，几乎没有清闲过。

正因为如此勤奋，爱迪生在自己85年的人生中，收获了令人惊叹的科学成果。据资料记载，仅在美国专利局，就登记了爱迪生的发明专利1328项，算起来，他平均15天就有一项发明！

爱迪生的发明，涉及人们生活的方方面面。爱迪生一生中完成的发明，大部分都在现实生活中作为产品贡献给了社会。

爱迪生不仅是卓越的发明家，而且还是一名成功的企业家。他通过自己的创业经历，学到了如何进行市场调查，如何按照市场需求来进行生产。这也成了他日后成功的关键。

由此可以看出，一个有理想的人，为了实现自身的价值，应该以大众的利益为重，看看自己所从事的事业，是否受到大众的认可和欢迎。一个人要实现自己的价值，却不能经受住大众需求的考验，是难以实现最大价值的。

爱迪生的科学事业，经受住了大众需求的考验，所以，他的人生价值在对人们生活的贡献中得以实现，他的生命也在科学发明的事业中得以延伸。

我国近现代著名的建筑学家梁思成，也是一位“价值在贡献时实现，生命在事业中延伸”的人物典型。

梁思成是我国建筑教育事业的奠基者之一。新中国成立前，他先后在东北大学和清华大学创办了建筑系，培养、发掘了一大批人才。

梁思成主张：建筑师必须有广泛、深厚的文化修养，要有“哲学家的头脑”“社会学家的眼光”“工程师的精确与实践”“心理学家的敏感”“文学家的洞察力”……总之应当是“有文化修养的综合艺术家”。

在这种教育理念之下，梁思成先生将自己一生的心血投入教育事业，使得门下人才辈出。

除了建筑教育方面的开拓性贡献，梁思成还在对古建筑文物的调查研究和保护维修上做出了卓越的贡献。

在当时极端艰苦的条件下，梁思成运用近代科学技术，对我国众多古建筑进行了勘察、测绘、制图。并且，他充分利用历史文献资料，多方采访老匠师们，写出了《中国建筑史》《中国雕塑史》等专著，以及《正定古建筑调查纪略》等学术论文，为我国古建筑的研究与保护这门学科奠定了深厚的基础。

在抗日战争、解放战争，以及新中国成立后，梁思成多方保护古建筑，立下了不朽的功绩。比如，他在抗战时期为保护敌占区古建筑文物，在解放战争时期为保护待解放地区古建筑文物，曾多次恳请军方领导人，在作战时避免炮击、轰炸古建筑文物。

梁思成的保护古建筑文物工作，不仅面向国内，同样面向国外。他在“二战”期间担任战区文物保护委员会副主任，建议盟军在轰炸中避开日本历史文化名城京都、奈良，把那里的珍贵文物古建筑当作人类共同的文化财富来看待。战后，他受到国际上的普遍赞誉，被日本人称为“日本文化的恩人”。

成杰感悟

我始终觉得：人一定要选择一个能让自己无私奉献的事业，在贡献中实现自己的人生价值，在事业中延伸自己的生命。

我自小家境贫寒，十几岁只身来到举目无亲的大城市谋生，在艰辛的生活中受到启示——蕴含教化的激情演讲，可以启迪人们的心灵。我领悟到一个哲理：“一个人改变自己叫自救，一个人影响众生叫救人。”所以，我选择了从事演讲这项事业。

后来，我在一次慈善演讲中，为汶川灾区募集善款近百万元。这让我深深感到：在这个世界上，有一种境界比个人的成功和荣誉更美好，那就是慈善、分享和大爱。

所以，我在2008年毅然放弃了优越的工作环境，再次踏上漫漫创业路。

创业成功后，我想到了做慈善，做公益基金。因为我认为，企业家从事公益慈善事业，不仅是回馈、奉献社会的一种方式，更是促进社会和谐的一种力量。目前，全社会都在为了实现“中国梦”而努力，公益基金正是“中国梦”的承载力量之一。

在社会各界的大力支持和帮助下，我们巨海联手企业家们共同奉献爱心，已成功捐赠援建了6所巨海希望小学，使得很多家庭贫困的学生得到读书求学的机会，不再为缺少学费而担心。他们中的很多人都顺利完成了学业。

将来，我们还会继续捐赠援建巨海希望小学，直到完成捐建101所巨海希望小学这一系统工程。

价值：高尚的思想远比金钱、地位有价值

智慧语录

我们国家，在改革开放以后，允许民间办学了。

那个时候，为了更好地给青年们创造一个美好的未来，我发起创办了我国第一所民办大学——北京自修大学。我请来刘季平担任首任校长，他是人民教育家陶行知先生的学生，曾任教育部副部长。

北京自修大学，它的原名叫“北京汉语言文学自修大学”。说起这个名字的更改，还有一段动人的故事。

1984 年，邓小平同志提出“科教兴国”的伟大战略。这时候，我就想：小平同志这么关心教育事业，关心培养下一代

的工作，我们为什么不能给他写封信，说说心里话呢？

于是，我就写了一封信给小平同志，在信中，我这样写道：

“尊敬的小平同志：您好！您一贯关心青年的教育，我们从事教育工作的同志都非常敬重您。目前，我们正在办一所没有围墙的大学。我们的想法是，毛泽东当年能办湖南自修大学，我们今天为什么不可以为上不了大学的青年办一所北京自修大学？我们认为，多办一所大学，社会上就可以少开一所监狱。我们诚恳地希望您能在百忙之中为我们学校题写校名……”

我抱着试一试的态度把信发出去了，怎么也没想到，信发出只有几天，中央办公厅就送来了小平同志亲自题写的校名——“北京自修大学”。

这六个大字笔墨酣畅、遒劲有力。落款的“邓小平”三个字，则饱含着这位远见卓识的老革命家对教育事业的殷殷深情。

获得小平同志题写的校名，我欣喜若狂。面对伟人的期待，我只能以更大的责任感和勤奋精神从事教学。

目前，创办了30多年的北京自修大学，已经为国家培养出各类人才30余万人。中共中央原政治局委员、国务院原副总理姜春云，全国优秀青年、作家张海迪都曾是北京自修大学的学员。

高尚的思想，远比金钱、地位有价值。

奉献，是一种人类普遍认同的高尚思想。

自私的人，是不会奉献的。自私的人，必然是虚伪的。有人说，一个自私的家伙，即使把整个世界弄到手，却丢弃了为人类做奉献的精神，那就等于把王冠扣在苦笑的骷髅上。

人生的价值，在于活着的时候，人民需要你。死去以后，还能用你创造的一切继续为人民造福。一生一世，始终为别人着想，是第一等人格。一世一生，始终为人民着想，是第一等学问。

·　智慧典范　·

我国伟大的艺术家梅兰芳是一位具有高尚思想的人。他在抗战期间的表现，充分说明了这一点。

1937 年 8 月，淞沪战事爆发。中国军队浴血奋战，可惜还是抵挡不住日寇占领上海。日本人得知梅兰芳住在上海，就派人请梅兰芳到电台讲话，来欢迎日本在中国建立“皇道乐土”。

梅兰芳假意敷衍日本人，暗中携家人星夜乘船逃离上海，奔赴香港。到香港后，梅兰芳深居简出，不再演出。可是，这样的时光也并未长久。1941 年 12 月，日军侵占香港。

香港沦陷之后，梅兰芳担心日本人来找他演戏，决心蓄须明志，不为日本人和汉奸卖国贼演出。香港的日本驻军司令要求梅兰芳登台演出。梅兰芳推辞说：“我是个唱旦角的，如今年岁大了，扮相也不好看，嗓子也不行了，已经不能再演戏了。”

日本人仍然不死心，一定要梅兰芳登台演出，以粉饰日本统治香港后的“繁荣”。梅兰芳感到事态严峻，立即坐船返回上海。

大汉奸汪精卫在南京成立了伪国民政府。日寇占领上海后，汪伪政权在上海成立了特务机关“76 号宅院”，特务头子要梅兰芳演出。无奈之下，梅兰芳想出一个主意：躺在床上，让家人给自己注射了一支四联防疫针。不一会儿，他开始发高烧。面对“病重”的梅兰芳，特务们只好作罢。

成杰感悟

每一个人都应该扪心自问：我的思想高尚吗？在我眼中，高尚的思想和金钱、地位，哪个更有价值呢？

如果我们每一个人，都能够认为高尚的思想更有价值，那么我们的社会主流价值观就是健康、向上的。

中华民族，自古以来就是一个追求高尚思想情操的民族。

在汉代，苏武牧羊 19 年而不降匈奴，可谓忠肝义胆；在晋代，陶渊明宁可辞官也不为五斗米折腰，可谓坚守气节；在宋代，文天祥以生命来书写“人生自古谁无死，留取丹心照汗青”的豪言壮语，可谓感天动地……

中国传统文化也历来倡导保持高尚的思想人格。

孟子坚持浩然正气，坚持“富贵不能淫，贫贱不能移，威武不能屈”；杜甫推己及人，希望“安得广厦千万间，大庇天下寒士俱欢颜”；范仲淹忧国忧民，力主“先天下之忧而忧，后天下之乐而乐”；林则徐临危受命，慨叹“苟利国家生死以，岂因祸福避趋之”……

可以说，追求崇高的思想境界，始终都是中华民族不断发展的内在动力和源泉。

第五章

生而知之，有困而无惑：

谈人生意义

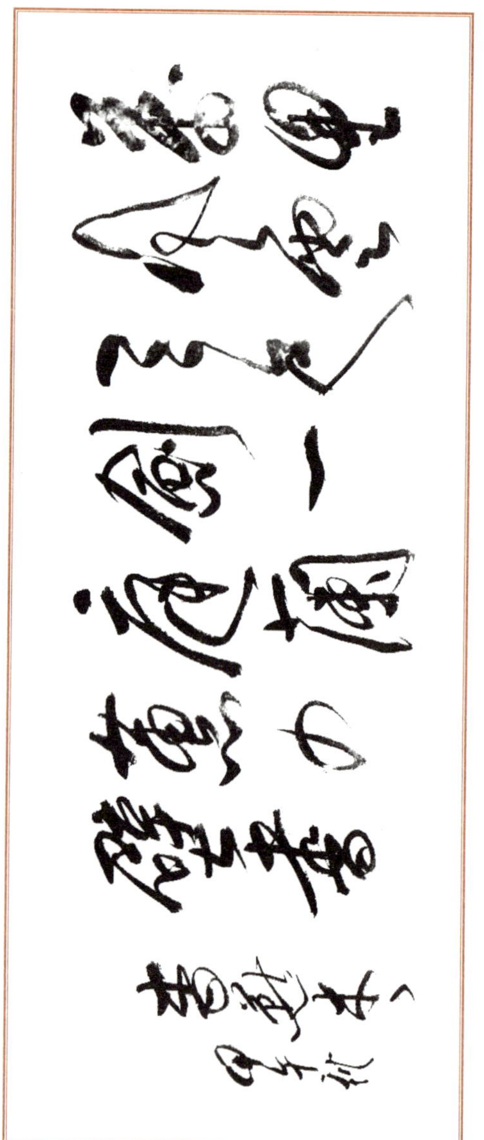

人生意义：人生本无意义，全靠自己赋予

智慧语录

“文革”后我走出大学象牙塔，走向广阔演讲舞台，成为一名大学教师。促使我做这么大决定的人有三个。第一位是郭沫若先生，第二位是鲁迅先生，第三位是闻一多先生。

从学生时代开始，郭沫若先生就给我以启迪，1949 年 2 月的一天，我骑着自行车到北大红楼去听郭沫若先生的演讲。郭沫若先生的演讲充满了激情与哲理，他恳切地表达了对青年的殷切希望。这次演讲给我留下了非常深刻的印象，给予我很大的震撼。

郭沫若先生在演讲中说过：“大哉鲁迅！鲁迅之前，无一

鲁迅，鲁迅之后，无数鲁迅。”鲁迅先生也是我的偶像之一。鲁迅先生在日本看到“麻木的中国人”之后，弃医从文的经历，深深影响了我，让我很小就希望自己也能像鲁迅一样教书、著书、演讲、关心青年。

闻一多先生是革命先烈。他走出书斋，在民族危亡之际，走向青年，走向十字街头，为祖国和人民奔走呐喊，这也是我最钦佩的精神。后来，我在多处都说过，大学教授应该迈出书斋，走向十字街头，承担起精神文明建设、塑造灵魂、教育青年的责任。

“文革”后，我感受到了“文革”十年对青年人造成的伤害，感受到这代人的茫然与无助。我基于对祖国的爱、对青年的爱，以及一位教育者的责任感，进行了深入思考。我在“文革”期间被关进劳改队时，就曾想到这样一个重大问题：一个国家，经济濒临崩溃，是危险的；一个国家，道德沦丧，更加危险。

现实促使我要用演讲给青年们以心灵的慰藉与精神的鼓舞。1977 年的演讲拉开了我广泛接触青年、成为青年之友的序幕。

那个时候，很多思想教育工作者们都在诉说着青年的教育工作多么地难做，并指责青年是“歪瓜裂枣”，我却不这样认为。我根据自己的观察，提出了“青年是我师，我是青年友”“学生是我师，我是学生友”的观点。

所以，20 世纪 80 年代，我一方面倡导开办北京自修大学，一方面为广大青年演讲。我开始尝试着给青年们讲德才识学、真善美，讲爱国主义和民族大义，引导青年追求真善美，从而得到了青年的热爱与信任。

我为此感到自豪、感到骄傲，因为我在祖国十分困难的时候，为青年做了一件十分有意义的事，即进行铸魂育德的演讲。在青年教育工作上取得一定成功的我，也从中得到了锻炼。

我曾经多次思考，人生意义是什么。经过这么多年，我认为：人生本无意义，全靠你自己去赋予意义。当时我是这样想的：我作为教师，位卑未敢忘忧国，要以天下为己任；要提高人的思想道德素质，又要提高人的文化科学素质。

这一生该如何度过？在我看来，能够通过演讲引导青年人思考，让他们明白什么是真善美，这就是我人生的意义。

智慧典范

在人生的道路上，不会总是一帆风顺，无论男女，无论贫穷富有，不可否认的是，我们每一个人都希望得到恒久的幸福，都希望我们的人生过得更有意义，但究竟怎样才能做到呢？

史蒂夫·乔布斯的经历，或许可以给我们启示。

十几岁的乔布斯选择了一所学费高昂的“贵族”大学就读，进入大学之后，他发现，教授们并不能解决他的问题：“我是谁？”“我将在这个世界扮演什么角色？”

因为学校回答不了他的问题，乔布斯便转向哲学与宗教寻求答案。好友丹·科特克推荐给乔布斯一本书，关于在印度如何体验灵修和冥想。乔布斯从此就痴迷上灵修与佛教，并与好友相约一同去印度朝圣。

乔布斯从日本禅师用英文写的《禅者的初心》这本书里了解了“禅”，他看到了一个理想世界，并且成为素食主义者。在一个公司挣了些零花钱之后，乔布斯辞了工作，去了印度。

1974 年 5 月，乔布斯来到了新德里，他在印度著名的宗教游行中看到苦行僧们走进恒河洗礼，看到数百万朝圣者。乔布斯被这种虔诚所震撼。8 月，乔布斯结束了印度之行，回到了美国。此次朝圣彻底改变了他的人生观，也为他的未来指明了方向——乔布斯从印度的贫苦中体会到科技与商业的重要性，选择了电子行业作为自己终生奋斗的方向。

因此，乔布斯与儿时的好友斯蒂夫·沃兹尼亚克等人一同创立了苹果公司。从此，这家公司开始了“以科技改变世界”的征途。

人生的意义是什么？乔布斯最终找到了它。

无独有偶，中国的著名女作家毕淑敏，也信奉这样一个道理：人生本无意义，全靠自己赋予。

毕淑敏认为：人生其实原本是没有意义的，但我们要为自己的人生确立一个意义……当我们的整个身心为了一个崇高的目标而奋斗和努力的时候，我们的身体才能在一个高度协调的状态里分泌出让我们感觉幸福的物质。毕淑敏的人生并非一帆风顺，她曾经在自然条件极为恶劣的高原当兵，强烈的高原反应让她难以忍受。她抱怨过，也曾绝望过，但她最终找到了自己人生的意义。

因为她“在横贯整个中国的旅行中，我知道了她的富饶与贫瘠”，“我在妖娆的霓虹灯中行走，身旁会突然显现白茫茫的雪原”，同样因为“在文明的喧哗与躁动之间，我倾听到遥远的西部有一座山在虎啸龙吟”，所以，毕淑敏选择用笔向大家讲述发生在高原的故事。

女性作家特有的敏感和纤细，让她的每一篇文章都给人以荡气回肠的感动。她的文字，总是与生死密切相关。她把她的高原情结和她的经历，缠绕在她的女主角身上，美丽而忧伤。

在热闹而浮躁的文坛，毕淑敏自立门户，用她独具风格的文字，成为物欲横流的现实社会里平和而冷静的述说者。

成杰感悟

提到“人生本无意义，全靠自己赋予”这句话，不少人都会产生质疑：人生怎么可能没有意义呢？人生若无意义的话，那人为什么活着？其实，人生的意义关键就在于“自己赋予”。

你想成为什么样的人，就会给自己定下什么样的人生意义。

大多数人活着，都是为了自己、家人、朋友。人们希望自己能够更好地生存、发展，让家人过得幸福，也让朋友得到必要的帮助。

还有很多人会想得更为长远，比如为其他人，为国家、民族做些事情。

这都是非常好的人生意义。这种人生意义的确立，可以让你的内心在一夜之间发生本质的变化。这种变化可以让你增强内心的力量，提升责任感，一步步走向美好的未来。

所以，当你觉得人生茫然的时候，那就首先给自己的人生赋予意义吧。它将会是让你走过充实人生的无可比拟和替代的强大力量，足以让你做成所有的事。有了这股强大的力量，你将会克服人生路上的一切困难，永远积极乐观。

平安是福：平安地生，宁静地死

智慧语录

我默默地走过了80多年的漫漫人生之路，我探求着，也探索着。幼年时，我曾到过北平东郊的东岳庙，到过十八狱，到过鹫天宫；后来，我在四川，到过丰都城，见过鬼城，它让我理解了生与死，它还告诉了我因与果……然而，我却都没有十分领会。

有一次，我参加了一位青年朋友的追悼会，又是白发人送走黑发人，这一瞬间，引起了我的思考：人活着，为什么？人死了，又到何处去？怎样活得有情致？怎样死得有意义？

过去，我也许是多了些浪漫主义，多了些理想主义，少了些现实主义。我每天生活得无忧无虑，即使遇到崎岖坎坷、艰难险阻，我也总是充满着乐观主义，因为无论阴与阳、爱与恨、生与死，还是因与果，都有它的法则，它的规律。

天堂在哪里？天堂不在天上，而在人间。地狱在哪里？地狱在人的心里。

我读了《西藏生死书》，它也给了我一些启迪。据说，这是当代最伟大的生死学著作，是一本最实用的临终关怀手册。

有生，自然有死，每个人迟早都需要面对死亡。当我们还活着的时候，可以用两种方式处理死亡：忽略死亡，或是正视死亡。借助对生与死的思考，以减少死亡可能给你带来的痛苦。不过，这两种方法都不能让我们真正克服对死亡的恐惧。

在临终前，我们应当做些什么？我认为，当人活着的时候，坦诚而潇洒；当人死亡的一刻，宁静而安详。我曾研究过胎教，也研究过临终前教育。人在活着的时候，总该好好活着，不为自己，而为那些爱你的人。因为死亡留下来的痛苦不属于自己，而属于那些活着并深爱你的人。

如何过好生命中的每一天？生、老、病、死乃人之常情，然而如果昨天还和你谈笑风生的朋友，今天却撒手而去，这对你的震动，无疑十分强烈。这时候，你会怎样去思考人生呢？

我懂得了，一个人活着时，多替别人想想；在临终前，也多替别人想想。这时，在一生中，你会勇于承受苦难，又善于超越苦难。

平安地生，宁静地死。生与死的前提是：为了别人，也为了自己，多干好事、善事。对自己少一份私心，对别人多一份爱心；处处为了他人，事事不为自己；少几分仇恨，多几分友谊。这才是面对生与死的人生真谛。

人，重要的不是活着，而是“死有轻于鸿毛，有重于泰山”。爱人，胜过爱自己；助人，胜过助自己。即使受难，心也平安。正如基督所说：替人受难，是通向天国之路。

让我们通过生与死之门，趁着还生活在世上，世人还需要你的时刻，多献出一份良心，多一份关爱，多一份感恩。

爱吧，爱一切善良的人，即使你不爱我，我也要爱你。爱就是理解，爱就是体谅，爱就是献纳，爱就是无私，爱就是牺牲了自己，也要使人们得到慰藉。

智慧典范

特蕾莎修女是一个用自己的爱心感动世界的人。她用自己的努力，让更多的人关注贫困的人群。

1979 年，特蕾莎修女获得诺贝尔和平奖。瘦小的她穿着一件只值 1 美元的印度纱丽走上领奖台，布满皱纹的脸上满是平静。她说：“这个荣誉，我个人不配，我是代表世界上所有的穷人、病人和孤独的人来领奖的，因为我相信，你们愿意借着颁奖给我，而承认穷人也有尊严。”

以穷人的名义领奖，是因为特蕾莎修女一生都以穷人的名义活着。她创建的仁爱传教修女会有4亿多美金的资产，全世界最有钱的公司都争相给她捐款。但是她一生却坚守贫困。她的全部财产是一个耶稣像，三套衣服，一双凉鞋。

她努力要使自己成为穷人，为了要服务最穷的人，因为只有如此，被他们服务的穷人才会感到有一些尊严。成为穷人，成为和她救助的人一样穷的人，这是特蕾莎修女一生都在做的事情。对她而言，给予穷人爱和尊严比给予他们食物和衣服更重要。

特蕾莎修女是阿尔巴尼亚人，她18岁来到印度，直到去世。她之所以去印度，因为那里是最贫穷的地方。据统计，20世纪80年代，印度6亿人中，只有不到一半的人能生活在贫困线以上，大多数人死于饥饿、疾病，仅加尔各答一个城市，每天就有无数人死在街头。

正是因为这些悲惨的事情，特蕾莎修女毅然来到陌生的印度。她每天去拣回那些被遗弃的婴孩、奄奄一息的老人和病人，然后到处去给他们找食物和药物……很多人不明白她为什么要做这些事情。但是后来，越来越多的人被她的行为打动，团结在她周围，帮助那些穷人。

1997 年 9 月 5 日，为穷人奔忙一生的特蕾莎修女走完了生命的里程，安详地去世了。

在我国，也有一个助人为乐、终生不悔的好人，他就是著名歌手丛飞。

丛飞原名张崇，是辽宁省盘锦市人，他自小爱好唱歌，后来去了深圳，成为歌手。因为胃癌，他不幸于 2006 年在深圳逝世，年仅 37 岁。他在短暂的人生中，先后参加了 400 多场义演，进行了长达 11 年的慈善资助，累计捐款、捐物共计 300 多万元，资助了 183 名贫困儿童，被评为“感动中国 2005 年度人物”。

丛飞从事义工活动时间很长，1994 年，他在重庆的一次慈善义演时，面对观众席上几百名因家贫辍学的孩子，想到了自己的童年，当即掏出钱，帮 20 个孩子完成两年的学业。

从那以后，丛飞就开始资助贫困山区的失学儿童，他先后多次在湘、贵、川等贫困山区义演，并收养多名孤儿。

即便是在去世前，丛飞也向医院提出停止用药，他希望能把这些钱用到其他有治疗价值的人身上。并且，他还要在去世后捐出眼角膜。

丛飞去世后，他捐献的眼角膜使 5 名眼疾患者受益。

丛飞的一生，充满爱心的奉献，他去世的时候，内心是无比宁静的。

成杰感悟

当我读过名著《钢铁是怎样炼成的》一书后，印象最为深刻的是这样一句话：“人最宝贵的是生命。生命每个人只有一次。人的一生应当这样度过：当他回首往事的时候，不会因为碌碌无为、虚度年华而悔恨，也不会因为为人卑鄙、生活庸俗而愧疚……”

不管我们为了什么而奋斗一生，如果能够内心有爱，多为别人考虑，就可以平安地生，宁静地死。

因为心中有爱，我们在人生路上的脚步，会更加灵动；我们漫步人生之旅，也多了微笑的理由。因为心中有爱，我们处处能遇见花开。因为心中有爱，寒冷的冬季、炎热的夏季，都不会让我们内心不安。

我们要做内心有爱的人。只有这样，无论我们走到哪里，都不会畏惧黑暗。只有这样，我们活着的时候才会无比富有，离开的时候才会无比宁静。

灿烂花火：人重要的不是活着，而是活得精彩而正派

智慧语录

我在演讲中，曾经多次跟台下的年轻人讲：人重要的不是活着，而是活得精彩而正派。就像灿烂的花火，能够给人们温暖和愉悦。

大凡欲成就事业的人，必定要树立正气。正气不树，邪气萌生，任何大事也难完成。古人云："庙堂之上，以养正气为先；海宇之内，以养元气为本。能使贤人君子无郁心之言，则正气培矣，能使群黎百姓无腹诽之语，则元气固矣。"

有了正气，有了元气，事业必然有成。扶正祛邪，是讲正气的重要方式，但兴利勿太急，要左顾右盼；革弊勿太骤，要

长思远虑。积弊之形成，非一日之患，所谓冰冻三尺非一日之寒。所以，扶正祛邪，既要有勇气，又要有艺术。

正道之行，做人之本。正道之政，建国之基。无本无基，人非人，国非国，既害个人，又害国家。正直之士，无论为官为民，都讲求正道。“君子当权积福，小人仗势欺人。”这或许是对为官者的考验。

“一正则百正。”心正，意正，脚正，总之，人生在世要走正路，树正气。身为领导，首先要身正，以身作则。上正则下易直。“上者，民之表也。表正，则何物不正？”“上纲苟直，百目皆开，德行苟直，群物皆正。”

综观各种宗教家、哲学家、教育家，都以正道育人。如弘一法师所说：“以正气接物，则妖气消；以浩气临事，则疑畏释。”老子说：“孔德之容，惟道是从。”他是强调人生应谋求正道。孟子说：“天下有道，以道殉身。天下无道，以身殉道。”

一个对人类负责的人，无论事业上成与败，都要做正直之士。明朝戚继光说：“繁霜尽是心头血，洒向千峰秋叶丹。”

义，有大义、小义。天下之义，为大义；朋友之义，为小义。强者，以仁义待人，不强求别人以仁义待我。志士，待人以柔以宽；志士，待己以刚以严。为此，古人强调度义而后动。一个不仁不义的人，有天大的聪明也难成大业。无仁无义，则无师无友。

中国人自古以来讲究义烈发于赤诚，“义士不欺心，仁人不害生”。话虽古老，但至今仍应为人生标尺。心中有义，待人以诚，利于团结，利于业成；如夜之继日，如影之随行。

心术，以仁义为第一；容貌，以老成正大为第一。给人以仁，不为恩。给人以义，不为功。无私之仁，无畏之；义，则为正矣！见利，莫忘其义。见死，不改其节。古人讲：君子抱仁义，不惧天地倾。孟子，很讲仁、义。“仁，人之安宅也；义，人之正路也。”

人生，从自己的哭声中诞生，在别人的泪水里结束。不仅有成而且有德，这才算圆满的人生。有德的成功者，心中有人民。无德之士，心中只有自己。“德惟善政，政在养民。民为邦本，本固邦宁。”为人民之德方为大德。

智慧典范

人生在世，要求正道，走正道，歌正气，为正气而献身。翻开历史，正邪一直在较量。

“正胜邪则治而安，邪胜正则乱而亡。”这是综观宋朝兴亡史得出的结论。其中，民族英雄岳飞的悲剧，就足以说明这个道理。

当时，南宋朝廷的主和派奸臣秦桧主导了“绍兴和议”之后，收到金国将领兀术的密信，信中要求秦桧除掉主战派将领岳飞。

为此，秦桧唆使他的同党万俟卨上了一道奏章，称岳飞居功自傲、拥兵自重。接着，秦桧唆使众多同党接连上奏章攻击岳飞。

同时，秦桧与嫉贤妒能的大将张俊勾结，利用岳家军的部将王贵、王俊，诬告岳飞和儿子岳云及部将张宪要发动兵变。

宋高宗疑心大起，下令严查。秦桧趁机奏请逮捕岳飞、岳云，到大理寺受审。审问岳飞的奸臣万俟卨罗织罪状，反复拷问岳飞等三人。即便受尽酷刑，岳飞也不肯写供词，只在纸上写下“天日昭昭，天日昭昭”八个大字。

大将韩世忠为岳飞抱不平，问秦桧凭什么说岳飞谋反。秦桧理屈词穷，说：“这件事莫须有（或许有）。”韩世忠气愤地说：“‘莫须有’三字怎能叫天下人心服！”

为了满足金国人的要求，秦桧亲自下令，派人到监狱暗杀了年仅 39 岁的民族英雄岳飞，还有岳云、张宪。

岳飞被害以后，狱卒为其收敛了遗骨。直到宋高宗死后，岳飞的冤案才得到平反昭雪。岳飞的遗骨被郑重葬在西湖边的栖霞岭上。后来，人们为这位英雄修建了岳庙。至今，在庄严雄伟的岳庙里，岳飞塑像的上方，还悬挂着他亲笔写的“还我河山”的匾额，令人肃然起敬。

而在岳飞墓门对面，摆放着生铁浇铸的“四奸”（秦桧、王氏、万俟卨、张俊）的跪像，反映了人民对民族英雄的景仰和对汉奸卖国贼的憎恨。

岳飞虽然英年早逝，但是他精彩而正派的一生，如同灿烂的花火，足以让人们铭记终生。

时光转回现代，有位共产党人，同样以其短暂而正派的一生，永远活在人们心中。他就是新中国历史上“最著名的县委书记”——焦裕禄。

焦裕禄在河南兰考工作了475天，因为操劳过度而病逝在岗位上。但是，他留下了爱民、奋斗、廉洁等宝贵的精神财富，永恒定格在中国历史上，留在百姓的口碑里。

如今的兰考，绿树成荫，麦浪翻滚，再不是半个多世纪以前，焦裕禄踏上这片土地时，那种触目惊心的景象……

1962年冬，焦裕禄初到兰考，这里还是饱受风沙、盐碱、内涝“三害”困扰的贫困县，粮食产量历年最低，县城火车站挤满了外出逃荒的灾民。

焦裕禄看在眼里，痛在心上。他在县委会上说：“兰考是个灾区，人民群众正过着艰苦的生活，地委派我来，我愿意承担这个工作，但是要完成治理灾害任务的不是我一个人，得靠大家，靠全体干部振作起来，带领全县36万人，争取在最短的时间内把面貌改变了……”讲话很短，但很有分量。

焦裕禄提出“以治灾代替救灾，要釜底抽薪，不要扬汤止沸”的治理思路。为此，他奔走在飞沙、暴雨中，奔走在寒风、骄阳下……他出现在救灾抗灾的现场，出现在最困难的乡亲们身边，就这样度过了475天。

焦裕禄靠一辆自行车和一双铁脚板，在全县走访和蹲点调研了120多个生产大队，行程5000余里。他从大风吹不走的坟头想到深翻淤泥把沙丘变良田的方法；他从老农的谈话里了解到多种泡桐防风治沙、发展经济的方案。

通过扎根基层，焦裕禄掌握了“三害”的规律，实施了有效治理“三害”的办法。

然而，长期的劳累，让焦裕禄的肝病愈发严重。1964年5月14日，焦裕禄在郑州病逝，终年42岁。两年后，遵照他的遗愿，灵柩由郑州迁往兰考。那一天，成千上万乡亲们聚在县城北郊的一处沙丘下，眼含热泪，呼唤着焦裕禄的名字……

这样一位心有百姓的好干部，生命虽短暂，却永远活在人们心中。

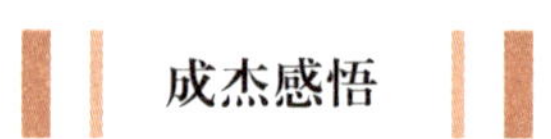

小时候，我们在看电影、看电视的时候，最常问大人一个问题：故事里面，谁是好人？谁是坏人？随着剧情的发展，我们会因为好人受难、坏人得逞而伤心难过，会因为“善恶有报”而开心。这就是我们从小形成的爱憎分明的情感。

长大成人后，我们在社会上与人共事时，逐渐分辨出孰优孰劣。正如戏剧舞台上的人有优有劣，在人生舞台上，人同样也有好有坏。我一向认为，一个事业上的成功者，固然要有相应的才能与智慧，但是更要有与之匹配的品德。有才无德的人，是难以成大器的。正如在大海中航行离不开航标，在人海中行进则不能没有道德。

万事万物，只要找到本源，而自己又能无私忘我，则无所畏惧。坦荡为人，坦荡处事，必有所成。理想与追求，开拓了事业的康庄大道。事业与奉献，构成了丰富而多彩的人生。

说长道短，谈天说地，关键是对待别人的态度。一个人心中有了别人，就是有德之士。你心中有别人，别人心中自然有你。尤其是企业家，心中有客户、有员工，则客户心中有你，员工心中有事业。这样，事业必日有所进。

力争上游：不是第一就是唯一

智慧语录

我是军人出身，新中国成立前参加了中国人民解放军，正儿八经的战士，有过四枚纪念章。我参加过解放华北、解放中南、解放海南、全国解放的战役，真正经过了枪林弹雨的洗礼。

1952 年，我随部队到广州佛山的时候，一位领导人向我们讲话，说："一个人在事业上，不论在任何时间、地点，都应该在第一线，成为取得第一等成果的战士。"而且，他强调："人活在世界上，不是第一，就是唯一。"这句话，我记了一辈子。

离开部队的时候，我获得了"中国人民解放军一等预备役军官"的称号，也就是说，发生战争的话，必须头一个上阵。

当时，在第四野战军，我接受了最严格的军事训练，自此树立了这样的人生观：在第一时间、第一空间，战斗在第一战斗队伍里，永远取得第一的成果。

打枪必须是第一时间，否则面对敌人，你这一枪没发出去你就被打死了。为此，我将自己训练成了一个神枪手。后来，我考上了空军，跟着海军出海，到南海舰队，一直到外海。

我一生当中在军队系统等于上了四个学院。

一个是跟着领导，直接接受了军事教育，等于上了军事学院。

再一个是跟着谭政、陶铸学习政治学，他们在政工里又是顶尖的，等于上了政治学院。

第三个，我们第四野战军的优势是作家特别多——陈荒煤、陈亚丁、韩笑、张永枚都在同一个政治部。我出来进去，吃饭的时候碰到的都是作家。耳濡目染，那些年我写诗写了几千首，等于上了文艺学院。

第四个，我一直没有停止教书。我在部队不管是什么职务，同志们都叫我“李教员”。我教他们小学、中学课程，后来还给他们上政治课，等于上了教育学院。

所以，我在部队上了四个学院：军事学院、政治学院、文艺学院、教育学院。

在战火纷飞的年代里，时而敌机轰炸，时而敌人袭击，在行军途中，也经常遇到一些灾祸。我的战友大多是大学生，很多都阵亡了。见多了生死离别，作为幸存者，我的内心强大到无所畏惧。

在最艰苦的环境里，我也不忘追求美。

随部队到了南方以后，有一些同志到华沙去参加“世界青年联欢节”。当时，我既不懂国际礼仪，又不会跳国际舞。于是，我就在出国前，强迫自己学习华尔兹、伦巴等，最后居然成了“舞林高手”，专门给人当教练。

在北京的时候，我只会滑冰，而到了广州，需要滑旱冰。我就现学，为此还摔折了胳膊，住进陆军总医院。但是“功夫不负有心人”，后来我成了旱冰高手。

智慧典范

在世界科学史上，我国著名生物学家童第周是个很重要的人物。他是我国生物科学研究的杰出领导者，中国实验胚胎学的主要创始人，开创了中国“克隆”技术之先河，被誉为“中国克隆之父”。

在童第周身上，就体现了“不是第一，就是唯一”的力争上游的精神。

20 世纪初，童第周出生在浙江鄞县（现鄞州区）一个偏僻的山村里。因为贫穷，他只能在耕作之余跟着父亲念书，直到 17 岁才上中学。

因为文化基础差，童第周学习很吃力，被校长劝退。童第周苦求，才得以试读一个学期。因此，童第周发奋学习。每天天不亮时就在校园的路灯下面学习。经过半年的努力，他的功课终于赶上来了。

28岁时，童第周到比利时留学。当时，中国人在欧洲备受歧视，童第周暗下决心，要做出其他留学生做不到的学术成果，为中国人争气。他刻苦钻研，反复实践，终于成功完成将青蛙卵外膜剥掉这项难度很大的实验。这件事震动了欧洲的生物学界。

正是凭借“不是第一，就是唯一”的力争上游的精神，童第周在世界生物学界给中国人争取到了地位。

同样具有力争上游的精神，“不是第一，就是唯一”的人，还有世界知名的香港功夫明星成龙。他的成名之路，可谓独辟蹊径。

20世纪70年代，整个香港电影圈，凡是拍摄武打题材的电影，无不受到李小龙的影响，走的是正统的功夫路线。当时还是无名演员的成龙，自然也不例外。

可是，成龙既没有英俊的外貌，也没有大侠的气质，所以迟迟没有受到演艺圈的重视，只能演一些小角色。那些年，成龙为公司拍片10多部，却一直没能像李小龙那样大红大紫。他很郁闷，陷入迷茫之中。

这时候，成龙幸运地遇到了点拨他走向成功的贵人——著名武术指导兼导演袁和平。袁和平觉得，虽然成龙不适合演英俊潇洒的英雄形象，但他身上特有一种精明灵活的气质。这种带有孩子气的调皮极具喜剧色彩，未必不能自成风格。

袁和平便让成龙主演了一部带有喜剧色彩的武打片，从而另辟蹊径，创造出日后成龙代表性的谐趣武打风格电影。由此也让成龙在众多功夫演员里脱颖而出。

这部谐趣武打电影《蛇形刁手》，便是成龙走向人生巅峰的起步——上映15天收入港币270万元，沉浮经年的成龙也终于一鸣惊人。

成龙本就在苦苦思考自己的发展方向，诙谐武打风格的定型，可谓给他带来了一个自由的天地。他充分发掘自己身上的喜剧潜能，在编导方面的才能也渐渐体现。此后的《醉拳》《A计划》《警察故事》等电影迅速掀起了一阵“龙卷风”。成龙由此成了香港功夫明星中的佼佼者。

成龙的成功，是他在明白自己“不是第一”的情况下，做到了“就是唯一”，从而创造了奇迹。

成杰感悟

我国著名画家齐白石先生，曾经对别人说过“学我者生，似我者死”的话，旨在提醒那些贪图走捷径、一味模仿自己的青年画家：要做第一人。如果“不是第一”，那“就是唯一”。

纵观人类历史，任何军事家、政治家、文艺家都需要创新。任何伟大事业的创造者，都不是依靠抄袭而取胜的。

抱残守缺、蹈常袭故，绝不会有大突进。人类今日的进步、安康、幸福，无一不是创新者为我们创造的。

要干一件大事，要像永不退休那样竭诚尽智；要干一件大事，要像永不离世那样活着，那样信心百倍。

一些人虽然有聪明才干，但在事业上却屡遭厄运，他们的错误是：在遇到困难需要坚忍一步而继续前进时，却徘徊不前。在迟疑的瞬间，与成功擦肩而过，失去契机，打了败仗。

曾经的辉煌、成功、胜利都是值得庆幸与怀恋的，然而它们毕竟是“过去完成时”。摆在每个人面前的是新的高峰、新的起点、新的挑战。一个人如果陶醉在过去的鲜花掌声之中，实际上是搁浅在平静的港湾。

未来的辉煌、成功、胜利将属于那些有奋斗精神、坚忍不拔、坚持不懈的人。坚定的信念、无畏的气概、创造的精神、团结的艺术，是所有成大器的人的先决条件；而认准方向一往无前，是所有成功者的座右铭。

所有成功的人，多是想前人不敢想、做前人不敢做之事的人。他们敢于另辟蹊径，敢于突破。在他们成功后人们赞誉他是智慧的人，他会告诉你：只有智慧而无意志与毅力，必将一事无成。高才，有表现力；庸才，多显示欲；蠢材，爱吹牛皮。

爱美之心：人的天性是要美不要丑

智慧语录

依人的天性来说，人们都是要美不要丑的，都是美的追求者、美的创造者。同时人们也要把什么是真、善、美告诉自己的学生和后代，把美送到人的心灵深处。

美，在于组合，尽管它不是美的全部。当你听到《梦幻曲》《小夜曲》乃至《蓝色多瑙河》《命运交响曲》……你会为之倾倒，为之陶醉，这是为什么？因为音乐家借助旋律、节奏、音色和力量，组合成了悦耳的美。

音乐如此，诗歌又何尝不是如此呢？一次演讲，当无例外，是语言的组合，是诗与歌的组合。高尔基说：我所理解的美，是各种材料——也就是声调、色彩和语言的一种结合体，它赋予艺人的创作——作品——以一种能影响情感和理智的形式，而这种形式就是一种力量，能唤起人们对自己的创造才能感到惊奇、骄傲和快乐。

我们要善于组合，善于结合，善于运用蒙太奇。美，是自然之花；美，是心灵之花；美，是创造之花。

美，是生活，是亲历的或是间接认识的生活。正因如此，大多数人才可以手臂相挽、情感相通，克服各自的偏见，共同奔向人类最美好的明天——人类大同。

人，创造着美的生活，同时，锤炼着纯洁晶莹的爱美之心。美，与坚强的意志在一起；美，与纯洁的感情在一起；美，与高尚的道德在一起。

真正的幸福和愉快，包容于为社会、为人民、为人类而不断地发现美、创造美的实践活动之中。

美，从青年人的神采中流过；美，从中年人的脚步中流过；美，从老年人的白发中流过；美，从诗人、画家、学者睿智的头脑中流过。

美，是雨露，它滋育着人类的青春；美，是阳光，它增添着生活的热力。如果人们既能执着地追求美，又能敏锐地发现美，自觉地创造美，那么，不仅自己会变得更加完美，而且我们的社会、我们周围的一切，也会变得更加完美。

审美意识，是潜藏人心底的，衡量与评论万事万物的精神尺度。一切用语言艺术，或其他艺术形式描绘与塑造人类灵魂的专家们，如果不能为人们的生活增添一点美，那么劳动的价值又在哪里呢？

卓越的人生，是多姿多彩、多情多智的；会使贫瘠变得肥沃，使粗俗变得高雅；会使物化的创造力和精神的创造力相结合，相互辉映。

智慧典范

关于香水的诞生，恰好能够说明人的天性都是要美不要丑的道理。

18 世纪的巴黎，拥有 60 多万人口，但并不像现在这样是“浪漫之都”，而是一座空气中散发着阵阵腐臭的城市。

原因之一，那个时候的巴黎人没有公德意识。他们经常随地大小便。

原因之二，那个时候的巴黎人没有专门的墓地。他们只是把死者的遗体埋入土中，任其自然腐败。埋死尸的地方与居民区相邻，腐烂的尸臭弥漫在空气中。

原因之三，那个时候的巴黎人没有卫生意识。他们根据当时的流行观念，认为洗澡是一种医疗手段。如果没有医生的吩咐，就是巴黎上流社会的绅士、淑女也绝不轻易洗澡。

因为体臭难闻，所以巴黎人非常喜欢香水。据说，香水的发明者是移居德国科隆的意大利理发师吉欧凡尼 · 玛丽亚 · 法丽娜。

当时，法丽娜在为客人理发时，会使用独家配置的盥洗水。这种盥洗水是在水里加入了意大利的苦橙花油、香柠檬油、甜橙油等香料，带有柠檬香味儿，淡而清爽，深受客户欢迎。

有一天，一位客户对法丽娜说："如果盥洗水中的柠檬香味儿能更持久些就太好了。"法丽娜灵机一动，开始向客户推出小瓶儿的"盥洗水"。这种有着微量色素和清淡香气的"盥洗水"便于携带，随时随地都可以喷洒，就是最早的香水。

后来，香水流行到巴黎。巴黎人学会从植物中萃取香精，制作成柠檬、橘子、玫瑰等味道的香水。最终，令香水风行于世的是巴黎人。

格拉斯市位于法国南部，因为这里有肥沃的土质和温润的气候，以及丰富的水源和充足的日照，所以适合种植紫罗兰、玫瑰花、薰衣草等植物，一年四季香气袭人。由此成为香水原料的栽培中心。法国第一家香精香料生产公司就诞生在这里，并吸引着世界各地的香水专家云集在此，不断创新。

到 18 世纪中叶以后，巴黎人才认识到洗澡的重要性，他们相继建起公共浴室，养成洗澡的习惯。再加上洒香水的习惯，巴黎人彻底摆脱了体臭的烦恼。

成杰感悟

我们要养成一种爱美的习惯，但必须是时代的美、实质的美，即高格调的美。有了这种美，可以使你持久地欣慰，使你长久地感到自豪，使你的生活变得像彩虹一般美好。人的审美格调与欣赏品位成正比。格调高的人，以上品为美；格调低的人，以下品为荣。

真正的魅力，永远是外在美与内在美的结合；永远是外在的善与隐藏的善的和谐；永远是外在的真与深埋的真的统一。

人，应当追求既有健康的身体，又有美、善的灵魂。人活在世界上，总要活得真诚些，如一个透明体，表里如一。“品若梅花香在骨，人如秋水玉为神。”人的品德如梅花一样芳香入骨，人的精神如美玉一般晶莹剔透。

稚子之心美在无邪，少女之心美在无瑕，志士之心美在无私，勇士之心美在无畏。这无邪、无瑕、无私、无畏，即是一种美。

人世间，许许多多的东西、许许多多的观念都会过时，只有真、善、美永远不会过时。真、善、美本来就是一个有机的整体，如果说真是本质，那么善就是内涵，美则是真与善的外在表现。

今生无憾：做事可能有下一次，做人则没有下一次

智慧语录

人，自出生那一天，就一步步走向死亡。而且，人生只能是单程路。无论怎样崎岖坎坷，都不能走回头路。

无私无畏、一往无前也好，私欲无穷、唯唯诺诺也好，都只有一回。既然如此，就要无怨无悔。人生百年，有所得就有所失，有所失就有所得。既然如此，就要达观处事，豁达为人。

一个聪明人既懂得如何得到利益，也懂得应当如何放弃利益。上有天堂，下有地狱。人，在中间。人生既不像天堂般美妙，也不像地狱般凄苦。人间就是人间，有苦也有乐，有喜也

有悲。

人生在世，在前进路上，有山峦，有江河。山峦是障碍，江河是阻隔。人生在世，既无障碍，又无阻隔，还有什么意思呢？人生在世，要翻过千座山，跨过万条河。

人生，如戏剧，不在于多长，而在于多美。人生，如舞台，不在于多大，而在于多奇。人生在世，在告别人生时，值得追忆、欣慰的并不是鲜花与掌声，而是战胜重重困难的勇气、意志与智慧。

生命的长短，以时间计算。生命的价值，以贡献衡量。有的人，生命长，一文不值。有的人，生命短，贡献无限，价值也无限。人生在世，如果只是为了吃喝玩乐，就是自私。人如能为人类做贡献，就会活得十分潇洒，非常自豪。

一个人如果把满足私欲作为人生目标，这个人就等于没有目标。舞台上，只有一个人，是没法认清自己的。人生路上有了众人，才能看清自己是优是劣，才能体现个人的价值。

人生在世，是一种客观存在，只要积极努力，就可以找到自己的位置。人，不必苛求人人重视，也不必怕被忽视。

人刚生下来，几乎没有区别。人在襁褓中，差异也不大。然而，人生之路，却不尽相同。有人可以当上总统，却不一定能成为好人；有人可以成为富翁，但却无法享受人生幸福；有人可以拥有爱情，却不能得到美满的家庭；有人有家庭，却不一定能拥有爱情。

这也许就是需要破译的人生。

智慧典范

人活在世间，寿命有长有短，但是生命的价值，却应该以其所做出的贡献来衡量。

在中国革命史上，曾经有过无数的功臣英模。其中，被称为“中国的保尔·柯察金”的军事技术工作者吴运铎，身负伤残，仍奋斗不息，为国家做出了卓越的贡献。

吴运铎幼年失学，先后在煤矿做童工、当学徒，后来参加了皖南新四军，在司令部修械所工作。他在革命队伍中自修了机械制造专业理论，为日后的军工生涯奠定了基础。

吴运铎在新四军的军械制造厂工作时，面临的条件十分困难，一无资料，二无材料。但是，为了保证前方的战士有充足的军需，他毅然挑起了重担。

吴运铎把生产车间设置在寺庙大殿，用简陋的设备研制出杀伤力很强的枪榴弹和发射架。同时，他积极钻研，先后发明、制造了各种地雷和手榴弹。这些武器都在抗日战场上大显身手。

在条件极端艰难困苦的状况下，吴运铎带领军工厂的同志们试制各种弹药。为此，他先后数次严重负伤——左眼被炸瞎，四根手指被炸断，左腿被砸坏，身上留下了大大小小无数伤疤……

新中国成立后，吴运铎被送到苏联远东兵工厂进修。回国后，他从事火炮技术研究，主持多项重大课题，为国家培养了一批年轻的兵工专家，为国防现代化做出了贡献。

1953年，吴运铎写下自传体小说《把一切献给党》，描述了一个普通工人成长为无产阶级优秀战士的感人故事。这部书发行达500余万册，并被翻译成俄、英、日等多种文字，成了那个时代鼓舞人们奋发向上的作品。

吴运铎曾说："如果我们今天不比昨天做得更好，也学得更多，生活就会失去意义。"

另一位珍惜此生、将自己奉献给国家和人民的优秀知识分子，是我国物理学家蒋筑英。

蒋筑英，出生于浙江杭州，少年时代刻苦学习。1956年，他以优异成绩考入北京大学物理系，在校期间力争上游，10个寒暑假有8个是在图书馆度过的。他在学好专业课的同时，还掌握了英、俄、德、日、法5门外语。

大学毕业后，蒋筑英立志在中国最大的光学基地工作，便考到了中国科学院长春光学精密机械研究所，成为我国著名光学科学家王大珩的研究生。

1965年，年仅26岁的蒋筑英在同事们的帮助下，建立了中国第一台光学传递函数测量装置，建成了国内第一流的光学检测实验室。此后，他又在光学传递函数研究方面取得了一个又一个重要成就，先后解决了国产镜头研制工作中的一些关键技术难题。

尽管贡献卓越，蒋筑英却从不居功自傲。凡是研究所评职称、分房子、提工资等事情，他都多次主动让给别人。

1982 年，蒋筑英由于过度劳累，不幸逝世于成都，终年 43 岁。作为中国光学界的优秀人才，蒋筑英在长春光学精密机械研究所的 20 年里，以其进取精神和淡泊名利的高尚人格，为人们留下了宝贵的精神财富。

成杰感悟

曾经有个年轻人问我，该怎样打发无聊的时光。

我很惊讶地对他说：“每天都有那么多的事情要做，怎么会有无聊的时光呢？”

很多年轻人常常虚度光阴，透支生命。可是，几十年后，当他们回头看自己走过的路程时，只有歪歪斜斜的脚印，才感到无尽的愧疚；他们在弥留之际，定会后悔自己苍白的一生，留下的只是轻烟一缕……

只有珍惜此生，奋斗一生，在老去的时候，我们才能够心安理得地观赏四季的轮回，也可以感受成功带给我们的喜悦，纵然失败了，至少我们是无悔的。

我们应该让自己有限的生命，在人生旅途中留下一道光影，尽可能发出大量的炽热，照亮世间。当我们走完一生的旅途后，能把成就留下，就是给生命做了最好的诠释。

无数的科学家、艺术家，用他们短暂而有创造力的生命，为人类社会贡献出了宝贵的社会财富。相比许多碌碌无为的人，这些人不管生命短暂与否，都活得精彩。

第六章

博学笃行，有疲而无倦：

谈精进

蘭芳碧墅

[illegible] 辛卯

温故知新：知识无寒暑

智慧语录

我与台湾的李畊教授在 20 世纪 90 年代倡导羲黄文化研究，并成立了羲黄文化研究院，不仅依靠河南大学、首都师范大学等高校，还聘请了薄一波、程思远、吴阶平、牛满江任名誉院长，张岱年先生为院长，我与李畊等为副院长，旨在有组织、有计划地弘扬羲黄文化。

我爱伏羲，我爱天水，我爱这里的风，爱这里的云。伏羲是中华先祖，天水是中国版图中心。梦中西部塞外黄色的沙、黄色的云，还有古丝绸之路，烽烟滚滚，驼铃阵阵。

真的没有想到，天水是一片绿洲，有蓝色的天穹，绿色的树林，人称“塞外江南”“甘肃苏杭”，四季如春。绿色的城市，绿色的梦魂，气候宜人。这里是不大不小的城市；这里是不南不北的地域；这里是不东不西的环境；这里有不高不低的海拔；这里有不冷不热的气温。

黄河，是母亲河。长江，是父亲河。黄河、长江在此交汇，合而又分。伏羲先祖生在天水。这里有着神奇的传说，这里有动人的故事，这里有 8000 年的文化风云，这里有 3000 年的文字历史。

文化者，人化也。这里有伏羲文化；这里有大地湾文化；这里有先秦文化；这里有三国文化；这里有石窟文化；这里还有各种民俗文化。

然而，伏羲氏在没有老师、没有书刊的年代，却创造了一系列奇迹：以天为师，以地为友。仰观天，俯察地。看着白龟，画了八卦，口耳相传、传颂至今，让人感到这里有伏羲的创新智慧，有不易之论。

伏羲氏，也许是一位智者，抑或是一个智慧群体的化身，他（他们）面对高山与江流，面对坎坷不平的大地，彰显着先祖精神。失败是成功之母，需求乃创新之父。

他要为人类做贡献，要为人类赢得一个又一个第一，这里似是平凡却又奇伟。从无到有，从小到大，创造了一个又一个奇迹，造福人类。在人类社会，在大千世界，凡是第一的，都在人们心中留下了恒久的印记，都是难以忘怀的，是不朽的生命。

伏羲氏是中华文明始祖；伏羲氏是易学文化之父；伏羲氏是一画开天、绘制八卦之师；伏羲氏是开中国历法之先；伏羲氏是民授婚嫁之本；伏羲氏是教民稼穑之根；伏羲氏是教民结网捕鱼之始；伏羲氏是助民狩猎之端；伏羲氏是创新智慧之源；伏羲氏是礼乐文化民族和合之魂……

这里包含着自然科学、人文科学、社会科学，也包含哲学。文化源远流长，如黄河、长江。文化事业高耸，如五岳之高耸，亘古不变。究其根，觅其源。圣母华胥，屡大人迹于雷泽，而生伏羲，蛇身人首，圣德绵延。

以大地湾原始部落文化为龙头。这里美丽的河山，展示给人类：它是羲黄故里，它是华夏第一县。它是东方雕塑馆，它是塞外江南。这里无酷暑，这里无严寒。天水——这里有我的梦，这里有伏羲之魂，让天水永驻我梦，让伏羲永驻我心。

智慧典范

一代伟人毛泽东在读书上面，真的是不分寒暑，手不释卷。

土地革命战争时期，因为毛泽东长期在基层主持革命工作，受条件的限制，对马列著作了解不多。为了能够掌握革命理论，毛泽东开始系统地阅读马列著作。即便是在烽火连绵的长征路上，毛泽东也利用一切时间来阅读。

据老红军回忆，毛泽东在长征路上读马列的书很痴迷，不停地在书上做标记，有时候他还通宵地读。就这样，毛泽东读了《反杜林论》《左派幼稚病与两个策略》《国家与革命》等马列著作，从而具备了深厚的革命理论基础，有助于他以后的革命领导工作。

在解放战争中，毛泽东同样不忘温故知新。

有一次，在行军途中，天气很热，又没有水喝。部队就在几棵树下休息。毛泽东在路旁的一块石头上坐下，捧起书就埋头读了起来。

信奉“知识无寒暑”，抓紧一切时间读书的，不仅仅有伟人，也有莘莘学子。如在抗战期间的“西南联大”的诸多学子。

1937 年 7 月 7 日“卢沟桥事变”后，北大、清华、南开三所高校的部分师生从北平、天津撤退，奔赴大后方。

这些师生，徒步千里，冒着生命危险，带着学校的书籍资料和仪器，闯过日军的层层封锁线，经过几个月颠沛流离乃至九死一生，辗转集中到湖南长沙，组成“临时大学”复课。

长沙的岳麓山下，破败的危楼，拥挤的教室，又重新响起琅琅读书声。尽管日军的飞机威胁着长沙的安全，但是没有人在意这些。

由于缺乏教室和教材，老师们不得不凭借记忆开展教学，学生们也只能依靠上课听讲学习知识。即使在这样困难的条件下，许多教授依然完成了多种著作。比如金岳霖的《论道》，汤用彤的《汉魏两晋南北朝佛教史》，冯友兰的《新理学》。

由于日军的铁蹄逼近，“临时大学”的师生们不得不再次转移，相当多的人徒步从长沙走到昆明。这里面就有闻一多、曾昭抡等著名教授和 200 多名男同学。

多雨的天气，崎岖的山路，粗劣的饮食，露天的宿营地……师生们并没有被困难吓倒，很多学生不管走得多累，仍坚持学习。比如日后的著名诗人、翻译家穆旦。他当时还是大三的学生，带着一本小型英汉词典上路，一旦记住某页内容，就把这页撕下来。当到达昆明时，这本词典已经被他撕光了。

1938 年 5 月 4 日，“临时大学”在云南昆明成为“国立西南联合大学”，正式开课。正是从这座只有低矮的茅草房作为校舍的大学里，走出了邓稼先、杨振宁、汪曾祺等知名人物。

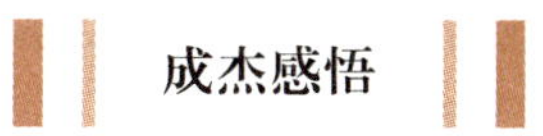

我学历不高，基本全凭自学达到了现在的水平。

我始终觉得，人生就像爬山一样，只有登上更高的地方，视野才能变得更开阔。所以，我要求自己勇于攀登，坚持不懈地学习，每天提醒自己：“你做得还不够好，你还不够优秀，你要谦卑地学习……”

未来的企业必须是学习型的企业。如果说革命年代里，没有文化的军队是乌合之众；那么，今天那些不善于学习的企业同样是乌合之众，或许会兴盛一时，但总归将走向衰亡。

所以，我们做企业的人，要时刻牢记学习。向同行学习、向老师学习、向不同行业优秀的管理者们学习。一个成功的企业家要善于学习，不断充电，跟上时代的发展。那些在自己丰富实践的基础上，又注重学习的企业家，一定会成长为企业管理的大师。

尤其是在当前大变革的时代，我们每个人都要摒弃骄傲自满的作风，时时刻刻保持清醒的头脑，利用一切机会学习。

世上没有常胜的将军，从长远来讲，世界上也没有永远成功的企业家。只有永葆激情，时刻不忘学习，才能不落后、不被淘汰出局。

虚怀若谷：真正有知识的人永不自满

智慧语录

在我看来，真正有知识的人，他的内心应该是虚怀若谷，永不自满的。

谦逊是一种美德，也是一个人在事业上成功的要素。是一就是一，是二就是二。是一不能说成二，是二也不能说成一。在实事求是的前提下，谦逊而谨慎，不仅利于团结，而且利于成就大业。

泰戈尔说："当我们是大为谦卑的时候，便是我们最近于伟大的时候。"一个人品近于伟大的人，在事业上也近于伟大。胜利的凯歌，对谦虚的人来说是新的战斗之始，对自傲的人来说，或许是在另一战斗中走向“麦城”之端。

谦逊的人，是美的，而狂妄的人，则是丑的。中外古今，概莫能外。有人说：“狂妄，是野心的暴露。狂妄，是胆怯的掩饰。狂妄，是无知的证实。狂妄，是病态的展现。”

谦逊的人，不会夸大自己的优点与成绩，也不会夸大别人的缺点与失误。谦逊的人，在看到别人的优点时，客观上就是在克服自己的缺点。经常嘲笑别人缺点的人，等于在不断地证明自己的浅薄。在成绩面前不骄傲，在失败面前不气馁，谦逊为怀，谨慎处事，是成功者的重要经验。

谦逊的人都懂得：谦逊是前进的进军号，骄傲是失败的前奏曲；虚心使人进步，骄傲使人落后，谦逊是健康人生的主旋律。谦逊的人容易看到别人的优点，也容易发现自己的不足。谦逊的人容易向别人学习，也容易克服自己的缺点。

人，贵有自知之明。兵法中一再强调：“知己知彼，百战不殆。”一个不自知的人，很难知彼。不知己，不知彼，每战必败。古希腊智慧之神——阿波罗神的神殿大门上写着这样一句至理名言：认识你自己。苏格拉底告诫自己的学生：“人生最重要的一件事，就是认识你自己。”

一切学问，包括人文科学、社会科学乃至自然科学的研究，都需要强调：一切科学中最伟大、最重要的是自我认识，因为人认识了自己，才会认识上帝。老子写《道德经》时，已经是一位摆脱了一切束缚的智者。他以毕生经验告诫人们：

“知人者智，自知者明。”

“地球村”有 72 亿人。我们说，有多少人，就有多少个“我”。每个“我”，都有他的智慧、才干与性格。一个想成就大事业的人，首先要了解“我”的优点与缺点、长处与短处。其中，认识自己的不足尤为重要。

一个有成功渴望的人，首先要明察自己的缺陷，同时，要善于发挥自己的优势。人生是多元的，成功也是多元的。从各种多元中，找到自己这一元之长，克服自我多元之短，便可走向胜利。

智慧中有最佳点。大凡一个成功者，多是在自己的智慧中找到立足点，又找到制高点，然后再找到切入点，最后走上成功之路。求索中，找“点”是学问，也是艺术。在苦苦寻求中，经历了千辛万苦，也许就在偶然一瞬，找到了自己内在之光，又照亮了前进之路，从而在众多果树上，摘到成功之果。

一个成功者，当你问他成功的诀窍时，他会告诉你：要避免经营自己的短处，要善于经营自己的长处。一个人了解了自己之后，也就对自己的实力有了底数。有了底数，就大胆地走下去，勇敢地干下去。

俗语云：“大胆天下去得，小心寸步难行。”酸、甜、苦、辣，不易其操；生、死、穷、达，不改其志。

· 智慧典范 ·

从古至今，凡是真正有知识的大学者，一般都是懂得自谦，永不自满的。

明清之际的大学者顾炎武经常“三省吾身”——对照别人的行为来反省自我的行为，发现自己的不足之处后，勇于改进。

他曾经做过自我总结，认为自己比不上很多人：

在探讨自然与人世，具备坚忍不拔的精神方面，自己做得不如王锡阐；

在苦读诗书、锻炼才干，以及洞察细微方面，自己做得不如杨雪臣；

在专门精研儒家“三礼”，并有独特见解的方面，自己做得不如张尔岐；

在冷静地分析各家学说，提出不落窠臼的思考见解方面，自己做得不如傅山；

在环境艰苦中依然自学成才方面，自己做得不如李容；

在笑对各种艰难险阻，随遇而安方面，自己做得不如路安卿；

在博闻强志和识古通今方面，自己做得不如吴任臣；

在指点别人文章而又亲和醇厚方面，自己做得不如朱尊；

在孜孜好学又忠于友情方面，自己做得不如王宏撰……

作为“清初三先生”之一，顾炎武不仅学识渊博，而且著述丰富，堪称一代大家。难得的是，他还具有谦虚的美德，能够从别人的长处看到自己与别人的差距，实为文人楷模。

另一位具有谦逊精神的大学者，是中国现代“新文化运动”的主将，引领白话文潮流的胡适先生。

1916 年，胡适的白话文，掀起了新旧两种文体的交锋，很多旧式文人对他进行大肆攻击。胡适在进行新文学论战时，曾作《沁园春 · 誓诗》，以明心志。

当他写下第一稿的时候，词的下半阕是这样的：“要前空千古，下开百世，收它臭腐，还我神奇，为大中华，造新文学，此业吾曹欲让谁？诗材料，有簇新世界，供我驱驰。”

写成后，胡适重读了几遍。他是个谦谦君子，因为词中的语气“较为狂妄，心中不安”，所以先后修改了好几稿。

最后，他把词的下半阕改成这样：“定不师秦七，不师黄九，但求似我，何效人为？语必由衷，言须有物；此意寻常当告谁？从今后，倘傍人门户，不是男儿。”

区区半阕词，都能够让胡适如此费心，可见其为人之谦虚谨慎。

按说，胡适与当时的一批知识分子，是共同发起“新文化运动”的革新主将。但他却常常谦虚道：“我的历史癖太深，故不配做革命的事业。文学革命的进行，最重要的急先锋不是我，而是陈仲甫（陈独秀）。”

清华大学设立国学院，遍邀当时的文化名人任教。当时的清华校长亲自拜访胡适，邀请他主持清华国学研究院的教务。希望胡适能够亲身示范，广招天下士子名流，以保留绵延中国文化之血脉。

胡适笑着推辞了。他谦虚地说道：“非一流学者，不配做研究院的导师，我实在不敢当。你最好去请梁任公（梁启超）、王静安（王国维）、章太炎（章炳麟）三位大师，方能把研究院办好。”然后，他又建议曹校长采用宋、元时书院的导师制，吸取外国大学研究生院学术论文的专题研究法来办研究院。

曹校长觉得此言甚是，大为叹服，遂付诸行动。后来，果然清华国学院请来了著名的“四导师”——梁启超、陈寅恪、王国维、赵元任。

成杰感悟

我在演讲中，曾经给大家分享过两个故事，两个我很喜欢而且受益匪浅的故事。

第一个故事——《门》：

印度有座著名的佛学院。学院里有很多传统。其中一个最为奇特：凡是来就读的学生，第一次入学都要走一个奇特的小门。这个小门低而且窄，让进入者只能够侧身、弯腰、低头，才能通过。有学生很奇怪，问这是为什么。院长讲解道：本院最早设置此门的用意，就是要教诲学生们“学会低头”。因为人在生活中会遇到很多挫折，所以要懂得谦逊。

第二个故事——《麦穗》：

有位修行者路过一片田地，看到丰收的场景，他问一位农民：“您是喜欢挺直的麦穗，还是喜欢低头的麦穗？”农民说：“我喜欢低头的麦穗。”修行者问：“为什么？”农民说：“因为低头的麦穗代表它饱满。”修行者由此悟到：人也像麦穗一样，因为“饱满”（有真才实学）而“低头”（谦逊）。

这两个故事，都说明了：谦逊是一种修养，谦逊的人会得到人们的尊敬和重视。

我们在职场打拼，光靠个人力量是不够的。再能干的人也有做不到的事情。这时候，谦逊的品格能为我们赢得好人缘，也就能帮我们解决很多难题。

人生充盈：有书、有美、有爱、有梦就是充实的人生

智慧语录

我一直觉得，好的演讲家不靠耍嘴皮子，演讲不是传授知识，而是要给人以智慧。易中天、于丹之所以火，是因为他们肚里有货。要想给别人一杯水，自己必须有一桶水的储备。现在时代发展得很快，需要学习的东西很多，一旦学习跟不上，就会被时代抛弃。

充实的人生，应该是这样的：有书、有美、有爱、有梦。博学和博爱应当成为我们人生的信条。

少年读诗如隙中窥月，中年读诗如庭中望月，老年读诗如台上观月。“窥”“望”“观”各有差别，所以古汉语中有“观

鱼”“观书”，不能说“窥鱼”“窥书”。所以不要小看老一代，老年人阅历就是比一般人多。

车间里小青年这么说：“车间主任什么也不会，连初中都没有上，大字不识，大文盲。”甚至科研单位也有的青年说：“别看他是副研究员，也比我强不了多少。”年轻就如此骄傲，沾沾自喜，还怎样前进？

法国大作家雨果说过：“各种蠢事，在每天阅读好书的影响下，仿佛被烤在火上一样，渐渐熔化。”多读书，性情得到陶冶，整个人的气质就会很不一样。青年一旦有了较高的文化修养，体现于语言，则为语言美；见诸行动，则为行为美。

读书好，但是也要会读书。读书可以分为两种：

第一种书需要精读。就我而言，我教过的书一定要精读，我教文学史 14 年，中国文学史上，以唐朝为例，李白、杜甫的诗词，我都非常熟悉，到了宋朝，陆游、辛弃疾的诗，我都会背。有了这些专业底蕴，我才敢上台演讲，敢于面对台下那么多优秀的听众。总而言之，那些会成为自己看家本领的书，一定要精读。

第二种书需要泛读。有一次我买了本很厚的《西北道教史》，这是本西部地区研究道教的书，按道理我不应该买，后来我看这本书，发现它把中国这么多道家都编辑进去了。而且里面记载着 7000 个碑，连碑文都有。我一想有些内容跟我有关，所以我就买回来了，只要一上厕所，就拿着它去，翻一页就有一页收益。

对我影响最大的书籍有四类：中国的老庄、孟子等传统文化类作品；欧洲传统文化类作品，如大哲学家苏格拉底、亚里士多德、柏拉图等人的作品；宗教领袖的作品，如穆罕默德的作品、圣经等；马列主义的作品。这四类作品是我心中人类的原点文化，它们都是人类文明的渊源和精粹，我就是要让自己吸纳这些人类文明再以演讲和教育的方式传递出去，做一个传递人类文明的火炬手。

读书的要诀：习，熏，悟，化。读书既要遵循孔子的“学而时习之”，又要重视精神的陶冶，更要重视思考与感悟，一定要把握书中的要义和根本，将其精华内化。对我来说，演讲和教书是一个将内化的知识智慧外化的过程。

· 智慧典范 ·

在港台地区，有两位著名作家，他们的人生，有书、有美、有爱、有梦，堪称充实的人生。这两位作家，分别是金庸和李敖。

有一次，在中央电视台的《艺术人生》节目中，金庸和主持人朱军曾有一段关于读书的对话，表达了金庸对读书的看法，十分有道理。

朱军问："您写了一辈子书，今天您怎样评价读书？"

金庸答道："读书是人生最大的乐趣。"

朱军问："如果有10年时间，让您重新选择生活，您怎么选择？"

金庸答道："如果这10年中，一种是让我坐牢，但是给我书看；另一种我有自由，但是不让我读书。我选择第一种——在牢中读书。"

朱军问："如果请您给今天的年轻人一句期待，您说什么？"

金庸答道："我希望年轻人养成读书的好习惯。只要学会读书，人生中遇上点挫折、不如意，都不会放在眼里了。"

金庸的这番话，表达了他对书籍的看法——书是人一生最好的朋友。

金庸确实做到了这一点。他对文化有着超乎常人的热爱，从幼年到晚年都能够一以贯之。

青年时代的金庸，就表现出对文化的热爱。他读到英国历史学家汤因比的著作，深受打动，认为：如能受汤因比博士之教，做他的学生，此后一生即使贫困潦倒、颠沛困苦，甚至最后在街头倒毙，也是幸福满足的一生。

从1950年以来，金庸在自己一生的大部分时间里，都与文化事业不离不弃。他给自己规定：每天读书不少于4个小时。此后的几十年，他做到了。不管事务多繁忙，金庸每日坚持读书，从未间断。

正是因为这样的充盈生活，金庸成为华人文学大家。

与金庸相比，李敖在文化上的痴迷更为强烈。他一生读书甚多，涉猎广泛。据其自诩，白话文可称“五十年来和五百年内中国人第一”。

李敖一生以读书多为荣，他曾经谈过自己读书的方法。

比如，读书要读透。看了这么多书，如果你不能够驾驭它，看多了只是累赘，变成大沙漏——看多少流失多少，不能够把它保存下来，这就是没有读透。在这种情况下，“一本书拿起来看完以后，再看第二本书的时候，第一本书就离他远了一点……到了第十本书，前面的九本书——尤其第一本书——已经离他十万八千里了。所以宋朝人把这个现象叫作‘渐行渐远渐无书’”。

那么，该如何读透呢？李敖举出他的“五马分尸”读书法。

“看的时候剪刀、美工刀全部出动，把这本书五马分尸。好比这一页，或这一段，有我需要的资料，我就把它切下来。背面怎么办？背面内容复印出来，或者一开始就买两本书，两本都切开。结果一本书看完了，这本书也被我分尸分掉了。”

剪切的资料怎么处理呢？

李敖说：“切下来的资料怎么分类呢？我有很多夹子，在上面写上字就表示分类了。好比我写‘北京大学’，进去的就全部是北京大学的资料。我不断用这种夹子分类，可以分出多少类呢？几千类来，分得很细很细……我并不凭记忆力去记它，而是用很细致的分类方法，很有耐心地把它钩住，放在资料夹里，这样我就把书里面的精华逮到了，所需要的资料就跑不掉了。”

也正是因为这样别具一格的读书法，李敖成为台湾地区屈指可数的大学者。

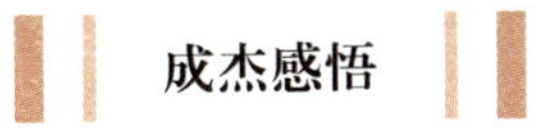

成杰感悟

我爱读书。我坚信读书能够改变一个人的命运。小学时，只要有字的报头、纸片我都看个遍；上初中时，每天下晚自习后，都是我的自由阅读时间。

后来，我创立了巨海公司，每天奔波于全国各地做演讲。在飞机上、在火车上，在等待演讲的空隙，我都会用阅读的方式放松自己，同时为自己充电。

我爱美。我爱世间一切美好的事物：面对大自然的美景，我会流连忘返；听到美妙的音乐，我会如痴如醉。美，是人生必不可少的因素。

我心中有爱。爱心对于我们每一个人来说，就像呼吸一样重要。孔子曾说过：“泛爱众而亲仁。”这就是让我们不仅要“爱人”，还要做到“博爱”。一个人拥有了爱心，那他也一并拥有了善良、美丽、真诚，甚至拥有了全世界。

我们应该对需要帮助的人伸出双手，尽最大努力帮助别人；我们应该善于换位思考，宽容待人；我们应该呼吁更多的人明白“博爱”的含义……我们每个人做一些“微不足道”的小事，会让世界变得更美好。

我有梦想。这一生中，我有五大梦想，分别是：成为华人演说家教练；成为世界演讲大师；成为一代大商；成为亿万畅销书作者；成为全球著名的慈善家。

梦想让我每一天都充满了热情，让我每天精神饱满，斗志昂扬。它们时时刻刻提醒着我，这一生我要成为什么样的人，要成就什么样的事业，要成就多少人的梦想。

人生重要的是活得充实，有书、有美、有爱、有梦，这就是充实的人生。

手不释卷：读万卷书才能得心应手

智慧语录

有一次，我在清华大学给青年学生演讲，座无虚席。讲完以后，学生们围住我，特别热情。有人就说：“李老师，您的演讲，为什么就能那么有意思呢？我们竖着耳朵，一直听不厌！”还有人说：“李老师，您在演讲里旁征博引，还有好多信手拈来的比喻，就像一个百货商店，我们想买什么都有。”

我笑着跟他说：“我不是有什么卖什么，而是你们想吃什么，我当场做什么。”

我不是说大话。能够出口成章，是因为我胸藏万卷、腹有诗书。

我出身于一个典型的知识分子家庭，从小受到良好的家庭教育，为我打下了坚实的国学基础。

我的父亲李慎言先生是中国历史上最早的研究生，在清华大学师从梁启超、鲁迅、王国维、陈寅恪、赵元任等大师。我的母亲 18 岁时就读于北平女子文理学院，在当时属于追求进步的女性。父母时常教育我要有博学之志，也给我创造了一个广泛读书的良好氛围。

我幼时的玩具是一堆堆古书，三四岁就在家中所开的家馆中听父亲给学生们讲授《易经》等国学经典，不到 10 岁，我就能读“四书”“五经”。

我的父亲在我很小的时候就给我讲梁启超、王国维，后来又给我讲鲁迅、周作人、章太炎、黄侃等学问大家。我的奶奶、母亲也在我很小的时候就对我进行国学教育，奶奶还给我讲过伏羲氏画八卦和盘古开天辟地的故事。

在父母的严格要求下，我从小就学习了《三字经》《百家姓》《千字文》等经典，13 岁之前已经将《大学》《中庸》《论语》《孟子》等学透，14 岁以后，我的父母让一位先生教我学习《易经》《道德经》《南华经》《山海经》和《黄帝内经》。

在演讲中，为了吸引观众，加强说服力，我会尽可能地展现文化经典中的知识，信手拈来各种名言警句。这有一部分是得益于小时候扎实的背诵功底。这些传统经典，当时虽然没有会意，但已深深融入我记忆的血液中，成为影响一生的行为指南。

我这个人爱书如命。买书、看书、写书、教书、藏书，这是我的“五书之义”。书成了我生命中最重要的东西。只要一有空，我就会拿上一个大袋子，兴致勃勃地到各书店、书市去淘书。至今，我已藏书近 4 万册，成为北京市明星状元藏书家。

好读书，让我的阅读面非常之宽，三教九流的书，没有我不看的，年轻人在看的书，我也看。正因为我能“读万卷书”，所以在演讲中才能得心应手。

智慧典范

清朝的曾国藩，推崇“腹有诗书气自华”的理念，一生中勤读不辍，读书破万卷，最终成为一代名臣。他曾经写过一句话用以自勉：“人之气质，由于天生，本难改变，唯读书可以变其气质。”观其一生，曾国藩也实践了这一理念。

当时的人比较迷信，按照相书的说法，曾国藩的面相不太好，三角眼的人一般心眼多，比较奸诈。但是和曾国藩接触过的人，都被他的渊博学识和文雅举止所折服。这就是他长期苦读、胸藏锦绣的结果。

从少年时代到青年时代，不管是夏季烈日炎炎还是冬季数九寒天，曾国藩都会埋首书中，念念有词。就连戎马倥偬的战争中，曾国藩都会捧读唐人诗集，手不释卷。有一次，为了能够买下《二十三史》，他不惜借到百两白银，以至于长期节衣缩食地还债。他在看完《二十三史》后，从经典中逐渐认识到自己的不足，决心开始改变自我。

曾国藩以**“养得心中一种恬静”**为目标，培养自己临事淡泊守志，淡定守静，对己慎独。渐渐地，一种良好的气质在他身上自然而然地散发出来。因为他独具魅力的个人气质，也吸引来更多的饱学之士，一时间，曾国藩麾下人才济济，他们为他的建功立业出谋划策。曾国藩也得以成为“晚清中兴第一名臣”。

曾国藩一生中，提携过很多青年才俊。其中一个叫陈宝箴的，是曾国藩担任湖广总督时所赏识的人才。陈宝箴是中国近代学者陈寅恪先生的祖父。

陈寅恪先生同样是以读书广博、学识渊博而知名的。他是中国现代最负盛名的历史学家、古典文学研究家、语言学家，年轻时曾先后留学日本、德国、瑞士、法国、美国，通梵文、波斯文、突厥文、西夏文和英、法、德等 10 多种语言。

陈寅恪读书一生，学问渊博，他留下了许多行之有效的读书方法。

陈寅恪读书，注重原典和最基础的书。他认为：“中国真正的原籍经典（原典）也只不过 100 多部，其余的书都是在这些书的基础上互为引述参照而已。”所以，读原典，是任何一个学科都不会过时的读书策略。

陈寅恪读书有一个随手记录的习惯。这些记录有校勘、有批语、有感想。据他的学生回忆，陈寅恪在 20 世纪 30 年代批校最多的书是《高僧传》，他把批语写在原书上下空白处及字里行间；字极细密，且无标点；而行间、书眉所注的字迹，在汉字中间杂以梵文、藏文等，以参证古代译语，足见他用力之勤勉。

正因为读书的勤苦和广博，陈寅恪在清华大学担任教授时，被称为“教授的教授”“太老师”，素有“读书种子”之称。

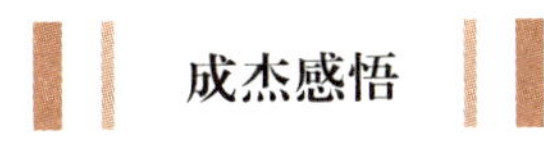

成杰感悟

演讲这么多年来，我经常总结经验教训。我的演讲之所以能够吸引百万的听众，牵动着他们的心，引领着他们的思想，主要是我擅长引经据典。

中国人形容一个人气质儒雅，常用到“腹有诗书气自华”这样一句话。

巧的是，类似的观念，外国人也有。法国大作家雨果就曾经说过：“各种蠢事，在每天阅读好书的影响下，仿佛被烤在火上一样，渐渐熔化。”

所以，青年人要多读书，一旦有了较高的文化修养，体现于语言，则为语言美；见诸于行动，则为行为美。

“腹有诗书”便会“气自华”，也更容易干出一番事业来。

学习是智慧的升华，分享是生命的伟大。一个人有没有底蕴，无他，唯读书耳。

历史上，很多政治家、教育家、医学家都十分重视读书——《黄帝内经》强调医生要“上穷天纪，下极地理”，“医圣”张仲景则是“博览群书，广采众方”，孙思邈也是“弱冠善读庄老及百家之书”。

现在这个时代流行通才，多读点书，一定没有坏处。

鉴人知己：多结识大人物，才知道自己多渺小

智慧语录

有人曾经问我："李老师，您曾经见过'五四'时期的文化名人吗？"我说："当然见过。我三岁见鲁迅，四岁见叶圣陶，见冰心。冰心跟我见过很多次，至少1000次。因为，我们同在一个大院住了三十几年。"

正是因为我见到过各家的大师，我才知道在大人物面前，自己有多么渺小。这有助于我时刻提醒自己，保持虚怀若谷的态度。

还有人曾经问我："您最佩服哪些人？"我说："多啦！"

在中国历史上，我最敬佩和敬仰的有四个人。两位古人，

屈原和文天祥，因为他们为国家和民族甘愿牺牲自己。两位现代人，鲁迅和闻一多，因为他们是伟大的爱国主义战士、哲学家和诗人。

在参加工作之后，我每到一处，都会结识各处的大家，如张岱年、季羡林、文怀沙、南怀瑾、臧克家、艾青、贺敬之、钱学森等，他们都是我敬佩的好老师。我向各位大家请教学习，博采众长，在他们的影响下，成为一个能在教育和演讲方面有些成就的人。

我认为：知识分子之间要“相亲”，而不要“相轻”。我们要以圣哲为师，站在巨人的肩膀上看世界。每个时代，总有时代的圣哲。圣哲是时代的代言人，是时代智者中的精英。

圣哲，是平凡人中的智者与知者。他们聪敏达观。他们是勇敢的人，是敢想前人不敢想，敢说凡人不敢说的人。他们不迷信古人，不迷信权威，不迷信法则。他们有广阔视野，博大胸怀。他们懂得人类知识上不封顶，下不保底。

圣哲，不只要改变自己的命运，更要关心他人的命运，敢于提出治理社会的良方，使社会走出困境，找到人们改变自己不幸命运的康庄大道。

圣哲，能用自己的睿智关照社会，敏锐地看到别人看不到的现象。此所谓把别人司空见惯的东西，用自己的眼睛看出美来。

圣哲，貌似常人，在生前不一定为众人所理解，他们的意念也不一定能被众人所接受，但他们的智慧如火炬，照亮自己，也照亮别人。当有人将这火炬传承下去时，人们才称他们为圣哲。

圣哲，往往早慧。他们博览群经，又广泛体察实际。他们天天思考，是恒久的思考者。他们的梦也许不在今天，而在明天，使明天的人群受益受惠。

圣哲，绝不会受平庸教书匠的束缚，因为平庸的人培养不出圣哲，正如卢梭所说：培根、笛卡儿、牛顿，这些人类的导师们，他们自己是从未有过导师的。

圣哲是一种安详的人、潇洒的人、无悲苦无恩怨的人，他们如天马行空，自来自往，自由自在，而且能大彻大悟。

圣哲既是道德高尚的人，又是充满智慧的人，更是不随波逐流的人。

年轻的毛泽东在德国哲学家泡尔生《伦理学原理》的批注中写道："豪杰之士发展其所得于天之本性，伸张其本性中至伟至大之力，因以成其为豪杰焉。本性以外之一切外铄之事，如制裁束缚之类，彼者以其本性中至大之动力以排除之。此种之动力，乃至坚至真之实体，为成全其人格之源。"

豪杰如此，圣哲也无不如此。无贵无贱，无长无少，道之所存，师之所存。

井淘三遍吃好水，人从三师武艺高。

老姜辣味大，老人经验多。

智慧典范

孔子说过：“三人行，必有我师焉。”假如一个人一生当中没有见过几个真正有大学问的大名人，就不知道自己有多么平凡和渺小。

幸好，在历史上，还是有不少人能够明白这个道理，放下身段以大师为师。宋代著名学者吕大临就是其中之一。

2015 年，台湾海峡两岸的领导人会面并致辞。马英九引用了宋朝大学者“横渠先生”张载的一段名言：**“为天地立心，为生民立命，为往圣继绝学，为万世开太平。”**

这段话被称为“横渠四句”，因其言简意宏而被人们传颂至今。

“横渠先生”张载是儒家学派著名的学者，“关学”一脉的宗师。他在宋仁宗嘉祐二年（公元 1057 年）考中进士，同时考中的还有吕大临。这时候的张载已经颇有名气，常常被人请去讲学。吕大临在求教之后，也心悦诚服，拜在张载门下。

吕大临痴迷学问。在拜张载为师后，他听到了著名理学家、“洛学”一脉宗师程颢、程颐兄弟的讲学，大为叹服。因此，在张载去世后，吕大临便赶赴洛阳，拜程颐为师。虽然成为“二程”门徒，吕大临却不放弃张载“关学”的基本思想宗旨，使“关学”不断发展。

无论是先师从张载，还是后来追随“二程”，吕大临都获得了极大的重视。在张载门下时，吕大临以其学识文采博得张载之弟张戬的赏识，并娶了其女。追随“二程”后，在众多门徒里，吕大临以其出众的学识文采被称为“程门四先生”之一。

像吕大临这样，先后师从儒学两个重要学派的创始人，并且被这两个学派视为代表性人物，同时得到时人及后人一致好评的学者，是非常罕见的。这就是他“以大师为师”的理念和做法带来的结果。

另外一位广拜名师的人，是民国时期的武术家杜心五。

杜心五是清末民国的武术界奇才。他习武成痴，广拜名师，博采众长，执掌武林派别“自然门”，成为一代武侠宗师。

杜心五自幼聪慧过人，在读书之余，跟随家乡的大人练武。他年少时就见识过很多武林高手，并且广拜名师。

杜心五在 7 岁的时候，拜武士石彪为师，学会了暗器“飞蝗石”技艺，投击百发百中；8 岁的时候，拜严克为师，学习南派拳术；12 岁的时候，拜老道于虎为师，学习武当拳的内家功夫；13 岁的时候，杜心五模仿古人的做法，张榜求师。

因此，杜心五见识了当时的武林高手徐矮子的功夫，明白了什么是高深的武功。

当时，杜心五看见别人介绍来的徐师傅身材矮小，其貌不扬，非常怀疑这人是否有功夫。于是，他几经试探，甚至要大打出手。终于，徐师傅跳上八仙桌，施展了一套“自然门”功法，慑服了杜心五。

原来，徐师傅是四川人，学问精深，通晓经书，少年时在峨眉山师从武当道人徐清虚学艺，并研讨少林功夫，集武当、少林之精粹，创造出“动静无始，变化无端，虚虚实实，自然而然”的自然门功夫，堪称自然门的宗师。

从此，杜心五郑重拜师，恭敬有加，终于练就了一身好功夫。

有位著名的演讲家说过：“读万卷书不如行万里路，行万里路不如阅人无数，阅人无数不如名师指路。”

诚哉斯言！这句话充分说明了拜师的重要性，尤其是广拜名师，更为重要。

的确，我们学习一门学问，光靠自身的实践积累，过程是比较缓慢的，而且有时会进入迷宫。即便我们通过向无数的人学习，吸取了他们的优点和长处，弥补自己的短处，但是，自己的摸索毕竟缓慢。

“逝者如斯夫”，光阴不等人，如果全凭自己摸索前进，不仅浪费时间，而且在这个资讯发达的网络时代，也毫无必要。

所以，我们不懂没关系，如果有知识丰富的名师或权威人士指导，很多问题会瞬间迎刃而解，自己的能力会得到进一步提升。

所以，遇到可以拜师者，一定要拜师学习。

第七章

寸阴必夺，有老而无朽：

谈时间

山阻石欄大江畢竟東流去霧靄散盡依舊向陽開

書魏來

辛卯冬

高下立判：智者珍爱现在，愚者等待明天

智慧语录

我曾经想给自己做一个特殊的枕头——木头材质，很硬，稍微一动就能醒过来，它叫“警枕”。

类似的这种“警枕”，古今中外，很多名人都用过。

史学家司马光用的是圆木，睡觉时只要一翻身，圆木就会滚走。他用这种方法来强制自己，挤出时间刻苦读书。

地质学家李四光用的是石头，他在野外进行地质勘查时，睡觉常常被石头硌醒，醒后马上又开始工作。

诗人马雅可夫斯基用的是大劈柴，他夜以继日地写作，为了不至于睡得过久，枕着劈柴，一动就醒。

为什么他们能够成功？就是因为他们珍爱今天，而不是等待明天。

生，是人的基本权利。死，是人的必然归宿。在有生之年，应真诚地爱其所爱，也应诚挚地恨其所恨。如果说热爱是最好的老师，痛苦就是最好的向导。在有生之年，就要爱憎分明。

一个人不要妄想活一千年，而要善于把每一天都当作生命的最后一天那样珍爱，力争使每天都基于对生命的热爱创造出生命的奇迹。**生命，是值得艳羡的，在有生之年，应摆好自己生命的天平。**

想个人多，必然想群体少。想家人多，必然想人民少。想形式多，必然想本质少。一个有生命的人，多想想如何利于社会、利于他人，就可以不断提高生命的质量。生命多存在一天，就多一天为社会服务的权利。追求，是生命的赞歌；奉献，使生命更加光辉。

生命诚可贵，爱情价更高，若为真理故，两者皆可抛。为了真理，珍惜生命、热爱生命，是伟大的；为了个人一己私利，则是渺小的。

生命，对任何人来说都只有一次。生命，比任何东西都重要。有了生命才有一切，失去生命，也就失去了一切。一个渴望成功的人，必定是珍惜生命的人。吃饭、睡觉为活着，而活着并不只是为了吃饭、睡觉。生活着、劳作着、创造着、生命的延伸才有价值。

生和死只是一瞬间。图财害命是一瞬间，救死扶伤也是一瞬间。能抓住一瞬间助人以生的人是伟大的。没有什么比生命本身更重要，也没有什么比挽救一个生命更有意义。解救人的肉体固然十分重要，而解救人的灵魂却更为重要。

人生有限，事业无穷。每个人在有限的生存时间里，应尽力扩展自己所从事的事业。生命只有一次，人不可辜负生命。人生只有 3 万天左右，人不可辜负时间。活着，并不单纯为了个人享受，尽管每个人都有权去享受，更重要的是借助有限的生命去创造，去贡献，去为人类造福。

当遭到巨大挫折时，首先要从心灵深处找出原因。我赞成这种见解：把一切缺憾还诸天地，真诚地面对万般波折的人生，用我们的尊严进行自我修复。生命，是短暂的，所以生命才更值得珍惜。

生命如一棵树。参天大树是从一粒种子长成的。树的成长过程，需要认真浇灌、施肥、除草、剪枝。活得正直，死得才坦然。活要活得潇洒，死要死得坦荡。

真正能享受爱与荣誉的人，才会感到生命的价值。莎士比亚说：“懦夫在未死以前，就已经死过好多次；勇士一生只死一次。”

智慧典范

智者珍爱今天，愚者等待明天。但凡成功的人，都是珍惜“今天”的人。他们从不把今天能够做完的工作拖到明天。

伟大的无产阶级革命导师列宁同志就是这样的人。他的工作信条就是：今天的事，今天做完。因为明天还有明天的事。他不仅严格遵照这样的信念工作，也同样严格要求身边的同志们。

有一次，政治保卫局的日丹诺夫向列宁汇报工作。列宁经过慎重思考，批准了他的工作计划。日丹诺夫敬礼后准备离开。

这时，列宁忽然想起了什么，问道：“那么，日丹诺夫同志，你打算什么时候开始执行这项计划呢？”

“明天开始，亲爱的列宁同志。”日丹诺夫恭敬地说。

列宁皱着眉头，语气很严肃地批评道：“日丹诺夫同志，你为什么不在今天就开始呢？——对，就是今天，就是现在！”

日丹诺夫很惊讶，因为列宁平时对工作人员都是和蔼可亲，很少发火的。

列宁看到他不解而委屈的神情，缓和了语气，教育他说：“瓦西里同志，我们没有时间拖延啊！现在，帝国主义者绞尽脑汁要封锁我们，要把苏维埃政权扼杀在摇篮里。我们必须争分夺秒，才能让革命顺利进行下去。”

日丹诺夫被说服了。他在此后的工作中，以列宁为榜样，珍视现在。后来，他把这件事情写进了回忆录，表示对列宁的崇敬和对“工作从今天开始”理念的认同。

同样“珍惜现在”的，还有19世纪的法国写实主义风景画和肖像画家让·巴蒂斯特·卡米耶·柯罗。

这位被公认为是“19世纪最伟大的”风景画家，一生专注于讴歌自然，留下了《芒特枫丹的回忆》《芝特的桥》《芒特的嫩叶》等世界名作。他不仅才华横溢，而且乐于提携后进者，指点青年画家的技艺。

有一次，青年画家塞巴斯蒂安·弗雷斯把自己的得意之作拿给柯罗请教。柯罗看后，指出了几处瑕疵。

“谢谢您。”塞巴斯蒂安·弗雷斯由衷地表示感谢，“我明天就全部按照您的意见修改。”

不料，柯罗听到后，非常不满。他激动地问：“我亲爱的塞巴斯蒂安·弗雷斯先生，为什么您要等到明天？”

不等对方反驳，柯罗又讽刺道：“我亲爱的塞巴斯蒂安·弗雷斯先生，要知道人生变幻无常，假若你不幸在今晚就死去，世人恐怕就无法欣赏到这幅杰出的作品了吧！”

柯罗的话让塞巴斯蒂安·弗雷斯满面通红，但是他并没有生气。因为他知道柯罗是多么珍惜时间，也知道这番话听上去刻薄，实际上是为了自己好。

成杰感悟

俗话说："人活百岁，终有一死。"实际上，大多数人也就能活到七八十岁。那么，在人的一生当中，能有多少时间用来学习、工作呢？

有人专门统计过：假如一个人可以活到80岁。那么，除去所有不能用来学习、工作的时间——人生的最初10年和最后10年，还剩下60年的光阴；这60年里，除去一半的睡觉吃饭时间，剩下30年；再除去节假日、生病休息、逛街购物、休闲娱乐、恋爱结婚等的时间，最多只有20年的工作时间！

可见，人生是何其短暂，奋斗的时间又是何等短暂。我们应该珍惜今天。无法珍惜今天，是无法奋斗成功的，也就谈不上人生圆满。一个珍惜今天的人，会尽力为成功而奋斗，不断地走向圆满的人生。

人是社会的细胞，个人生命强化之日，就是社会生命强化之时。把新的、美的奉献给社会，这也许就是生命的真正价值。带着理想与自信生活，虽然不一定一帆风顺，但必定无怨无悔。有人说：临死的一瞬，是求生欲望最强的时刻。那么，我们活一天，就要对生命尽心尽力。请时刻记住：智者珍爱今天，愚者等待明天。

时不我待：岁月当惜，寸阴必夺

智慧语录

有一年，我所在学院的一位老教授患上肝癌。在他临终前，我去看他，坐在他的身边说："刘先生，您善自保重，会好的。"

老先生说："燕杰同志，我已经完了，你也不要以为我一生当中写了几部著作，在国内还有些影响，可是我还有 6 个计划没有完成。"说完，他老泪纵横，号啕大哭。这和一个小女孩丢了手绢伤心地哭可不同，其声可哀。

离开后，我走在路上，就想这么一个道理：谁也不要觉得自己的生命有多长。

意识到生命的珍贵，近年来，我在国内外演讲之余，仍在著书立说，每天坚持工作八九个小时。因为，我要完成 4 本“鲜活的德育教材”：写 100 位自己直接接触过的各个领域的大名人，包括钱学森、季羡林、梅兰芳等等；介绍 100 本世界文化经典作品，包括《圣经》《古兰经》《金刚经》等；阐述对 100 种艺术的理解，包括音乐、美术、舞蹈、戏剧、话剧、电影、雕塑等；介绍 100 个名胜景观……

在我看来，一个人不要妄想活千年，而要善于把每一天都当作生命的最后一天那样珍爱，力争使每天都基于对生命的热爱创造出生命的奇迹。生命如琴弦，只有拧紧、绷直的时候，才能奏出优美的乐章。一个人松松垮垮，怎能成大事？

要懂得生命、时间和光阴的价值。人生易老，生命的阶梯很快就会闪到自己的身后，去而不返。如若不珍惜，真像流水一样：濯足长流，抽足再入，已非前水。把脚放到河里，然后拔出来，再搁进去时，刚才的水永远成为过去完成时。犹如我刚才讲话的时间，谁纵有天大本事也不能把它再追回来。

“逝者如斯夫，不舍昼夜。”岁月当惜，寸阴必夺，一日不可虚度。诗人苏阿芒说：“电影是看不完的，电视也是看不够的，但是事业要求我分秒必争。”生命多存在一天，就多一天为社会服务的权利。追求，是生命的赞歌；奉献，使生命更加光辉。

人生有限，事业无穷。每个人在有限的生存时间里，应尽力扩展自己所从事的事业。

生命的长短，以时间计算；生命的价值，以贡献衡量。有的人，生命长，一文不值；有的人，生命短，贡献无限，价值也无限。

人生，如戏剧，不在于多长，而在于多美；人生，如舞台，不在于多大，而在于多奇。时间，对好人来说太少，对坏人来说太多。青春，是属于年轻人的，可是只有到老了才知道它的价值："盛年不再来，一日难再晨。及时当勉励，岁月不待人。"

智慧典范

成功人士都明白"时不我待"的道理。他们在生活和工作中，都是寸阴必夺的。

法国大作家巴尔扎克就十分珍惜时间。他在20多年的写作生涯中，写出了90多部小说。在这些作品中，他以生花妙笔塑造了2000多个不同类型的人物形象。

为了让自己的每一天都过得充实，巴尔扎克列了一个"生活、创作时间表"，严格遵照执行。时间表是这样的：他从半夜起床工作，在桌前伏案12个小时，努力创作直到中午；中午到下午4点校对校样，直到5点钟用餐。为了节省时间，他的一日三餐都由仆人从特定的窗口放进去；下午五点半上床，睡到半夜，然后又起床工作。

有一次，巴尔扎克实在太累了，他就对等待取稿子的出版商说：“亲爱的朋友，我先去睡一会儿，然后把小说收尾，给你稿子。请你在一小时后叫醒我。”可是，出版商看到巴尔扎克睡得那么香甜，就没忍心叫醒他。

一个半小时后，巴尔扎克醒来了。他发现自己睡过了时间，就很不高兴，对出版商说：“您为什么不叫醒我？！这耽误了我多少时间啊！”由此可见，巴尔扎克对于时间的珍惜程度。也正因为他巧用时间努力工作，才能成为多产的作家。

中国同样有一位文坛大家，在创作的时候，有与巴尔扎克一样的生活节奏。他就是我国著名学者和诗人闻一多。

20世纪30年代，闻一多执教国立青岛大学。那时候，他钻研古代典籍，研究古典诗歌。闻一多就像是在地壳寻求宝藏，钻得锲而不舍。他想吃尽、消化中华民族几千年来的文化史。

1930年到1932年，闻一多从唐诗入手，目不窥园，足不下楼，兀兀穷年，沥尽心血。他在一个又一个大的四方竹纸本子上，写满了密密麻麻的小楷。饭，几乎忘记了吃，夜间睡得也很少，为了研究，他惜寸阴。深夜里“漂白了四壁”的灯火是他忠实的伴侣，伴随他的学术之路。几年的辛苦，凝结而成《唐诗杂论》的硕果。

我国著名画家齐白石先生，画技精湛。他画的虾、蟹、牡丹、菊花，形神兼备，栩栩如生。因为是半路出家，所以齐白石非常注重后天的绘画学习。他坚持每天都要作画，最少一幅。有一次，他因故耽误了一天，很不安，便在第二天写了四幅条幅，并在上面题诗："昨日大风，心绪不安，不曾作画，今朝特此补充之，不教一日闲过也。"

成杰感悟

时间是永远不会等人的。斗转星移，四季轮替，时间就这样默默地消逝。

对于人生而言，需要总结、规划。所谓一辈子的"宏图壮志"，每个人都有。然而，很多人立下了志向，却忽略了时间。在彷徨和蹉跎之中，时间悄悄离开了

有时，我们的生活自在悠闲，并非好事。因为很多东西，只有失去了才会觉得珍贵。时光就是如此，所以珍惜时光是那么重要。我们挡不住岁月的步履匆匆，但我们可以和岁月同步，珍惜一分一秒的时间。在人生的长河中追风逐浪，拼搏梦想，实现自我。

对于人生的路途，我们有太多的憧憬与展望，却有很多人不会珍惜时间。希冀自己的人生有辉煌伟业，我们就不应该让

时间虚度。只要我们每一天过着充实的生活，朝着理想勇往直前，百折不挠地奋斗，就能面对苍天与大地，自信不枉来人世一回。

激情燃烧：人活着就要战斗

智慧语录

南昌的晨曦，为校园迎来一片霞光。

一边是年过八旬的地下党老战士，白发苍苍。一边是接待老同志的青年志愿者，青春焕发，喜气洋洋。在这强烈的反差中，我既欢欣，又略感苍凉。值得欣慰的是，祖国大业后继有人，新的一代已经健康成长。感到凄楚的是，人生百年，如白驹过隙，早年的年轻战士，如今已经走到了暮年。

青春是美丽的，然而青春又是短暂的。但是正因为短暂，所以才宝贵。人生的短暂让我们更加重视生命的意义。童年的纯真之美，老年的成熟之美，也如同青春之美一样令我们赞颂。应当说，我们生命中的每一天都可以是闪光的、多彩的，应当是有价值的。

今日的老战士，在55年前，也像今天的青年志愿者一样，青春年少，风华正茂。而今他们老了。满头银发却发出智慧的光芒。他们额头深而又繁的皱纹，显示着他们一生的丰功伟业。

从他们每个人的谈话中，可以看到他们的一生是平凡的，也是伟大的。他们如同每一个平凡的人一样，走完了几十年的岁月；他们又是伟大的，在青春年少时选择了解放人类的道路，为南昌乃至全国的解放贡献了力量，又在建设中经历了无数艰辛，遭受无数次的挫折，然而他们是坚强的。当我和他们一一握手时，我仍能感受到他们臂膀的力量。

正如一位老战士在阳光下对青年志愿者所说："我们从旧社会走过来了，一年一年地过去了。每一年、每一天，甚至每一分钟都有着实实在在的生活内容，都有丰富变幻的真情实感。我们对明天的太阳都有着深深的企盼，因此我们每天都注入了认识的追求。从旧社会到新社会，从新中国成立前到新中国成立后，从一个青年人历尽沧桑到了八旬老人。这也许就是生活，就是人生。"

另一位老战士说："人活着就要战斗。社会是复杂的，道路是曲折的，人生活在各种矛盾中，怎能没有斗争呢？因此，我们要做永远的强者，要敢于向命运挑战。要前进就要有目标，要有梦想，一个人没有理想，是一种无梦的人生，这无疑是可悲的。”

有青年问：“各位老人，作为青年志愿者的老爷爷，你们生活在旧社会，遇到那么多艰辛，新中国成立后又受了那么多委屈，可是仍然那么乐观，这是为什么呢？而我们为什么总感到困惑呢？”

一位老战士答道：“世界并不像人们想象的那么简单，其实并不是只有你们有困惑，我们年轻时何尝没有困惑啊？即使今天，我们也经常感到困惑。但是只要愿意继续生活下去，就要善于调整自己的心态。即使跌倒了，也要重新爬起来。一个人要善于调整生活的坐标，重建对未来的梦想，以适应这瞬息万变的社会，然后使自己从失败走向胜利。”

另一位老战士接着说：“是啊，人生在世，不能太孤独、太寂寞，而要善于投身到群众中去，投身到革命与建设的洪流中去，到如火如荼的生活中去体验人生，用有限的生命为无限的事业而奋斗，在奋斗中求得幸福。人生的价值并不在于结局如何，而在于过程。我们高兴，我们自豪，因为在青年时期，我们没有沉溺在酒色之中，而是为人类解放做出贡献。想到这些，我们就感到幸福，即使受过些苦，也变成回忆中值得自豪的、美的享受。”

是的，人的一生因环境不同，各自的作为与贡献也不尽相同。有人一生是辉煌的，有人一生是平淡的。**辉煌有辉煌的荣**

光，平淡有平淡的情趣。就生命的意义而言，并没有什么本质区别。然而，人到晚年，能不因青春时期的碌碌无为而悔恨，也是一种幸福。

一位青年志愿者笑了，笑得那么爽朗。他说："我懂了，人的一生就应当这样度过——为了别人，为了祖国，为了事业，为了人类。能以自己的青春，做出不同的贡献，到了晚年无怨无悔。这也许就是老同志给我们的启迪，也是对漫漫人生的破译。"

南昌的晨曦，映照着老年人的银发和年轻人的笑脸。天更晴，人更美。

智慧典范

说起"人活着就要战斗"这个理念，很多名人都以自己的实践经历履行了这一点。

比如伟大的英国生物学家、进化论的奠基人查尔斯·罗伯特·达尔文。

达尔文就是一个为了"物竞天择，适者生存"的进化论理念奋斗一生的人。1831 年，达尔文毕业于剑桥大学，在老师亨斯洛推荐下，以博物学家的身份参加英国海军军舰环绕世界的科学考察航行。

达尔文随同“贝格尔”号军舰航行，先在南美洲东海岸的巴西、阿根廷等地和西海岸及相邻的岛屿上考察，然后跨太平洋至大洋洲，继而越过印度洋到达南非，再绕过好望角经大西洋回到巴西，最后于1836年返抵英国。

这次航海让达尔文收获颇丰。他回到英国后，整理出版了航行记录。达尔文领悟到生存斗争在生物生活中的意义，意识到自然条件就是生物进化中所必须有的“选择者”，具体的自然条件不同，选择者就不同，选择的结果也就不相同。

于是，在1842年，达尔文开始撰写关于进化理论的文章。17年后，达尔文出版了《物种起源》一书，轰动世界。他用大量资料证明了所有的生物都是在遗传、变异、生存斗争中和自然选择下，由简单到复杂，由低等到高等，不断发展变化的。这种生物进化论学说摧毁了唯心主义的“神造论”和“物种不变论”。

在此后的岁月里，达尔文始终为了进化理论和神学派们进行斗争。直到达尔文因重病而生命垂危的最后一刻，他仍然坚持观察、记录植物的生长情况，以补充自己的学说论据。

可以说，达尔文为了科学的发展，战斗到了最后一刻。

另一位信奉“人活着就要战斗”的名人，是著名共产主义战士尤利乌斯·伏契克。他是捷克斯洛伐克的作家和新闻工作者，著有《绞刑架下的报告》。

伏契克是资深的共产党人。他在1918年参加社会主义联盟“青年一代”；1919年领导马克思主义左派组织，并成为该党青年组织的刊物《真理》的成员；1921年加入捷克斯洛伐克共产党。

在布拉格查理大学哲学系学习期间，伏契克为《真理》《先锋》《创造》等杂志和《社会主义者》《红色权利报》《红色晚报》等报纸撰稿，强调文学艺术要为党领导的革命斗争服务，歌颂世界上第一个社会主义国家苏联。

因此，伏契克遭到反动当局的多次逮捕。后来，伏契克用笔名，为《图画世界》《蜜峰》《新自由》《行动》等刊物写稿，激励人民的斗志，并在捷克共产党地下中央委员会负责政策指导和新闻宣传工作。

不幸的是，1942年，在捷克地下中央委员会被破坏后，伏契克被叛徒出卖，在布拉格被捕，被关在布拉格近郊的庞克拉茨监狱的267号牢房。

伏契克受到严刑拷打，然而他没有屈服。在随时都可能被处以绞刑的情况下，他用血写成了不朽之著《绞刑架下的报告》。在书中，他写道：“我爱生活，为了它的美好，我投入了战斗……永远不要让我的名字同悲伤连在一起……我为欢乐而生，为欢乐而死。”伏契克自知无法幸免，他要求幸存者活着就要战斗，直到埋葬反动政权。

1943年，伏契克被杀害于狱中。他实现了自己“活着就要为共产主义而奋斗”的誓言。

成杰感悟

作为四川人，我从小就听说过《红岩》里的故事，长大后读过很多遍小说《红岩》，这是一部用血与泪书写成的悲壮篇章。

《红岩》这部小说，为我们栩栩如生地塑造了性别、年龄、性格、经历各不相同的革命英雄形象。临危不惧、视死如归的成岗；英勇斗敌、舍己为人的许云峰；受尽酷刑、坚贞不屈的江竹筠；出身豪门、投身革命的刘思扬……对这些可敬可佩的战士，国民党反动派只能在肉体上折磨他们，却动摇不了他们精神上的坚贞！

让我最敬佩的就是他们战斗到生命最后一刻的那种精神。

江姐在就义之前是那么从容镇定，她平静地与战友们告别，亲吻“监狱之花”，梳理好头发，换上整洁的蓝旗袍，平整好衣服的皱痕，而后从容走向刑场。

许云峰将要被特务匪徒杀害时，他“神色自若地蹒跚地移动脚步，拖着锈蚀的铁镣，不再回顾站立两旁的特务，径自跨向石阶，向敞开的地窖铁门走去”。面对生命的最后一关，许云峰没有表现出丝毫的害怕，反而更加坚定了革命的信念。

在山城重庆即将解放之时，国民党反动派对集中营里关押着的共产党员、革命志士、青年学生、军人甚至小孩进行了大屠杀。即便是这时，这 200 多名戴着脚镣手铐的囚犯也没有屈服，他们进行了激烈的反抗，突围而出，坚持到了革命胜利。

《红岩》里面都是真实的人和事情。读到他们的事迹，我深深为之感动，明白了人活着就要战斗。这种精神应该传之百代而不衰。

少壮努力：青春无悔就是晚年的幸福

智慧语录

人最宝贵的是生命。生命属于人只有一次。那么，人的一生应当怎样度过呢？

苏联的伟大作家奥斯特洛夫斯基在《钢铁是怎样炼成的》这部作品里，借助主人公的话，说出了那段感动过几代人的名言——“当他回首往事的时候，不会因为碌碌无为、虚度年华而悔恨，也不会因为为人卑鄙、生活庸俗而愧疚。这样，在临终的时候，他就能够说：‘我已把自己整个的生命和全部的精力，献给了世界上最壮丽的事业——为人类的解放而奋斗。’”

“为人类的解放而奋斗”曾经是我们这代人共同的理想。

我是新中国成立前出生的人，亲身经历过新、旧两个社会。所以我怀着无比的热情，参与到建设共和国的事业当中，奉献了整个青春，直到晚年。

因为我把青春无怨无悔地献给了祖国的教育事业，所以在晚年，我感到很充实，很幸福。作为首都师范大学的毕业生，我荣幸地留校任教。几十年从教，我一直坚持“敬业爱生、教书育人、敦品铸魂”。我认为这 12 个字是对师德最好的诠释。

我自幼生活在教师之家，父亲、母亲、姑姑全是教师。幼年时，我的第一志愿是“当英雄”，第二志愿是“当诗人”。最后的选择，是把毕生精力献给教育事业，终生“当教师”。我知道，诗人和英雄都是教师培养的。我还懂得，总统、首相，也都是教师培养的。

在我人生 80 多年中，有 50 年是在从事教育事业。

我管过幼儿教育；教过小学生、中学生、大学生、研究生、留学生；又曾到中南海、中国科学院、中国社会科学院讲学；还曾研究过胎教和临终教育。

后来，我以演讲为教育方式，足迹遍布“地球村”，到过 880 个城市，演讲 6000 余场，直接听众和读者约 1000 万人。

同时，我成立了青年教育艺术研究所、教育艺术研究会、《教育艺术》杂志社。

我深深懂得，我所从事的不是一种职业，而是一种事业，是太阳底下最光辉的伟大事业。同学们说：“李燕杰老师每天在薪火传承中给学生的，不是黄金、白银、钻石，而是阳光、水分、空气。”

教师，是在众多行业中最让人感到自豪的职业。教育事业使我们德无止境、学无止境、爱无止境、永葆青春。我经常想，即使再来一次，我的选择仍然是当一名教师。

2002 年，我曾被评为“首都健康老人之星”；2004 年，我被医院确诊为癌症患者；最近，我又被青年誉为“抗癌英雄”，而且荣获爱国勋章。我从未被疾病吓倒，病中回复青年来信和接待来访约 5000 人次；带病为北大、清华、北师大、人大等高校学生演讲授课。

我的晚年如此充实，我认为是一件非常幸福的事情。

智慧典范

很多成功的人，都是在青年时期做到奋斗无悔的。我国杰出的教育家蔡元培就是如此。他一生读书不辍，将青春奉献于以学问求真理、求强国之路的奋斗上。

蔡元培生于浙江绍兴，自幼笃志好学。据他回忆青年时的读书生活，5 岁就进私塾读书，从《百家姓》《千字文》《神童诗》读起，13 岁便可以学作八股文了。

那时候，强烈的阅读饥饿感，于蔡元培来说，似乎是与生俱来的。读书成痴的他留下了很多故事。有一次，家中不慎失火，全家高呼扑救，唯有在楼上读书的他全然未觉。后来，青年时代的蔡元培在家乡的古越藏书楼校勘图书，广博阅读，开阔了眼界。

因为旧学功底深厚，蔡元培在科考上非常顺利。他 17 岁中秀才，23 岁中举人，24 岁中进士，26 岁补翰林院庶吉士，28 岁已是“声闻当代，朝野争相结纳”的翰林编修。他不满足于只读中国典籍，因为从中看不到改变中国贫弱现状的办法，便开始留意欧洲文化。

民国之后，蔡元培担任过教育总长和北大校长，希望以教育使得人民进步。在执掌北大期间，他以“兼容并包”的思想，广纳贤德，使北大成为一流学府，也让自己成为北大历史上最受传扬的校长。

1937 年，抗战爆发，蔡元培定居香港。虽然疾病缠身，但他仍不辍读，经常向好朋友王云五借书，“选书之大字者备阅”。在居港的两年多时间里，蔡元培所读书籍众多，有《希腊罗马古代社会研究》《校史随笔》《西行漫记》等，这种孜孜以求、永不满足的读书精神，不能不让人钦佩。

另一位中国的大学者季羡林先生，也是年轻时候奋斗、青春无悔的人。

季羡林是山东聊城人，世界知名的语言学家，中国著名的国学泰斗、文史大家。他是北京大学的终身教授。

1935 年，时任中学教师的季羡林得知清华大学有一个留学机会，是与德国互派研究生。他早就立志学贯中西，便毅然辞职参加选拔，并通过考试，获得赴德留学的机会。

到德国后，季羡林发现德国大学的学风非常自由：没有入学考试。德国人在中学毕业后，可以随意进入某大学学习，而且可以不断挑选自己满意的大学和满意的专业。对于学生，教授并不以分数来严格要求，而是让其参加自己执教的研究班，经过学习，给学生一个博士论文的题目。经过几年的努力写作，学生的论文达到教授的要求，就可以进行论文口试答辩，只要及格就可以拿到博士学位。

季羡林非常喜欢在这样自由的氛围中学习，他凭兴趣选了一些课，经过一学期的学习，明确了自己攻读的方向，就是梵文。季羡林的博士论文指导老师是瓦尔德施米特教授，可惜恰逢第二次世界大战爆发，他应征入伍了。于是，年过七旬的西克教授主动要求指导季羡林。

西克教授教季羡林吐火罗文，这种古老的文字是原始印欧语中的一种独立语言。20 世纪初，英国人在中国新疆发现了这种语言的残卷。

西克教授教得认真，季羡林学得投入。据季羡林晚年回忆，西克教吐火罗文，用的是德国的传统方法。他根本不讲解语法，而是从直接读原文开始。实际上，这是异常艰苦的工作，因为原文残卷残缺不全，没有一页或者一行是完整的，这里缺几个字，那里缺几个音节……

但是，季羡林以强大的毅力坚持学习，最终成为世界上仅有的精于此语言的几位学者之一。回国后，季羡林任教北大，致力于语言学研究，成为学贯中西的学术泰斗。

成杰感悟

人生的幸福从何而来？我认为，幸福不会从天而降，需要我们去寻找、去发现、去创造、去感受。有一句话是这样说的：“生活中不是缺少美，而是缺少发现美的眼睛。”其实，这句话也可以换成：“生活中不是缺少幸福，而是缺少发现幸福的眼睛。”

人生其实就是一个奋斗的过程。一个有责任感、有担当的人，都会善于从奋斗中寻找幸福。这是一种发自内心的幸福感，是无可替代的。所以我们每一个人，都应该趁着年轻，开始一生的奋斗。只有在年轻的时候奋斗过，晚年才会幸福安康。

对于每一个人来说，奋斗都是一个寂寞的过程，成功的路径是一个默默无闻拼搏的过程。如果你感受不到其中的乐趣，感受不到成功的召唤，并因此唉声叹气、身心疲惫、半途而废，那你就永远等不到成功的那一刻。

实际上，奋斗的乐趣在于过程，因为在这个过程中，我们才能感受到人生的酸甜苦辣、逆顺进退、成败得失，才能对人生有更加深刻的体味。

第八章

兰芳碧坚，美满和谐：

谈幸福

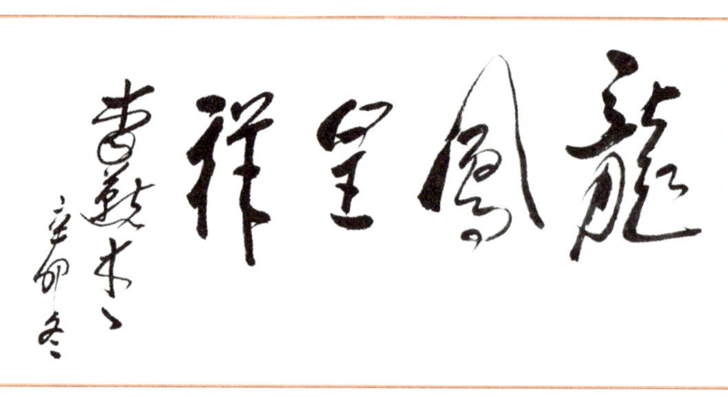

爱满人间：人间需要爱，既要爱人，也需要被爱

智慧语录

人活一辈子，都需要真爱——既要爱人，也需要被人爱。

那么，什么是真爱？

当你在无意间，把只属于自己的一切，无条件地奉献给对方；当你所爱的人，遇到困难或遭遇不测时，心甘情愿替他或她去承受一切。这才是检验真爱的尺度。

爱，是相互的。当你痴心地爱着对方时，得不到回应是一种不幸。当你已不爱对方时，对方反而更痴情地爱你，是更大的不幸。

爱，失去任何一方的依托，不是哑剧，就是悲剧。沉溺于

爱情的人，是爱情的奴隶。它会使人丧失意志与毅力。

爱，是双向的。爱人，才能为人所爱。没有你，哪有我？没有我，哪有你？人间是需要爱的，既要爱人，也需要被爱。如果不能爱一个人，或被一个人所爱，那就把爱献给一切人，或许会换来人们对你的真爱。

爱，是人的心灵之花。有了爱的种子，才有爱的萌芽；有了萌芽，才有可能开花结果。人们期待着至真、至善、至美时代的到来。到那时人间会充满了爱！

沉溺于爱情的人，往往失去聪明；而无爱者，却可能过分理智。两者相加除以二，或许最为相宜。为了求得真爱，男女双方都应当用理智克制自己脆弱的感情。

一个真正的有志之士，绝不会被爱情困扰得发狂；一个在爱情上失态的人，不大可能在事业上有伟大的作为。

人是需要爱的，得到爱是一种幸福，能真诚地爱别人，是更大的幸福。古往今来，有众多的诗人与情人诉说恋人离别之苦，其中有一点是共同的：正是由于离别之苦，才强化了相聚之甜。离别可能减弱泛泛之情，却不能减弱炽热之恋。

有如狂风吹熄的是蜡烛，却能把大火扇得更旺。多角的恋情，是应当及时结束的，多延长一天就预示着更多的不幸。绚丽的友谊之花可以向一切人至诚奉献，爱情却如一颗明珠不可分为两半。

爱情是美好的，但谁也难保爱情中没有挫折、没有坎坷，问题只在于你怎样对待它。倘若你能做到不在失恋中消沉，乃至轻生弃世，而是以此激发自己的事业心，并通过自己坚忍不拔的努力，赢得对方的心，那么它将给你带来更大的幸福。这是古今中外正确对待失恋的强者给予我们的启示。

过早地涉足爱河，只能使自己耗费宝贵的精力，甚至还可能过早地给生活带来苦果。“爱情之舟前进一步，学习与事业之舟往往倒退两步。”

如果你非要问我爱情是什么，我只能告诉你，是诗、是梦、是美，是人生中美好的集结。甜言蜜语不一定是爱情，海誓山盟不等于爱情，爱情是彼此心心相印，是梦中诗，是诗中梦。

智慧典范

伟大的无产阶级革命导师卡尔·马克思和他的夫人燕妮·马克思，堪称一对爱情典范。他们的爱情之路，充分体现出真爱的本质。

燕妮出身于普鲁士的名门望族，她美丽动人，又才华出众。她被公认为是特利尔最美丽的姑娘和“舞会皇后”，令许多英俊而富有的青年为之倾倒，上门求婚者不断。毫无疑问，如果燕妮愿意，她可以任意挑选一个青年才俊，缔结一门荣华富贵的婚姻。事实上，燕妮的父母也是这样希望的。他们希望为女儿找一个门当户对的豪门公子作为女婿。

然而，燕妮却勇敢地在爱情之路上走出了叛逆的一步。她爱上了自己少年时代的朋友，出身于普通律师家庭的卡尔·马克思。1836年，马克思还是一名在波恩大学攻读法律的大一学生，他鼓起勇气，回到特利尔，向自己的意中人求婚。燕妮答应了，她和马克思私订了终身。

按照当时的习俗来说，这是惊世骇俗的。燕妮的父母和家人强烈地反对这门婚事。但是，燕妮为了真挚的爱情，不顾世俗观念，在完全不能预计她和马克思共同生活前途的情况下，毅然同马克思结婚了。

在婚后，她随着被政府驱逐出境的马克思流亡欧洲，二人过着极端困难的生活。但是，在生活严峻的考验面前，燕妮没有退缩，而是选择与丈夫始终患难与共。

在此后的数十年，作为马克思的忠实伴侣，燕妮在生活中给予丈夫无微不至的照顾，让马克思可以心无旁骛地从事革命工作。对此，马克思的女儿做出了中肯的评价："如果没有燕妮·冯·威斯特华伦，那么卡尔·马克思也就不成其为马克思——这绝不是夸大。"

马克思夫妇的故事固然感人，但是，在很多情况下，爱情，即便未能结出"婚姻之果"，也不妨碍"忠贞之花"的美丽。中国现代的一对革命者，高君宇和石评梅，即是如此。

北京陶然亭公园里，有一座"高石之墓"，葬着早期的共产党人高君宇和著名才女石评梅。两块并排而立的汉白玉石墓碑，让一对青年男女的灵魂永远相伴相随。

高君宇、石评梅都是山西人，两个人颇有渊源——高君宇曾经是石评梅父亲的学生，并且深得后者欣赏。

高君宇是中国共产党早期著名活动家之一，曾作为中国共产党的代表，出席共产国际在莫斯科召开的代表大会；编辑过中国共产党的机关报《向导》；领导过京汉铁路工人大罢工运动。

石评梅则是一位才华横溢的中国现代女作家，她自幼得家学滋养，擅长文学，爱好书画、音乐和体育，是一位天资聪慧、多才多艺的女性。

在北京读书期间，石评梅在一次同乡会上结识了高君宇，一见钟情，书信往来，友情日深，最终发展为真挚的爱情。

可惜，二人最终并未能结合。因为石评梅受过爱情的心灵创伤，也因为高君宇在老家有包办成婚的妻子。所以，石评梅宁愿牺牲自己，将自己的感情深深掩埋。

遭到了拒绝的高君宇痴心不改。他回到家乡与妻子离婚，终于获得了自由之身。就在他以为可以与爱人长相厮守的时候，病魔却夺走了他的生命……

高君宇的死，让石评梅痛悔交加，她按照高君宇生前的愿望，将其骸骨安葬于她同其生前经常漫步谈心的陶然亭。之后的岁月里，石评梅常到高君宇墓畔，抱着墓碑悲悼泣诉。3 年以后，她也因病离开了这个世界。按照石评梅生前的心愿，朋友们将她葬在了高君宇旁边。

成杰感悟

我想，每一个人都曾经对爱情充满着美好的憧憬。在我看来，爱情像天空，无比广阔；爱情像大海，无比深远。浅薄的人，觉得它单调；深沉的人，才感到它的奥妙。他们在探索中体会到那里的愉悦、幸福、美好，彼此在广阔天空中飞翔，在深远大海中遨游。

美好的爱情能够带给我们美好的感受，让我们笑着面对这个世界。大多数成功的人，都能够享受到感情的滋养，从而感知到社会的美好。

爱情必须是双方面的，爱人和被人爱。任何不是出于自愿的爱，都不是真正的爱。施舍，不是爱；怜恤，不是爱；同情，不是爱；爱，就是爱，不能用施舍、怜恤、同情来取代。真诚的爱，必须是无私的、忘我的、全身心的投入。

与时俱进：爱情是需要更新的

智慧语录

爱情，并非一成不变，它是需要更新的。

爱情是生命的火焰，失去它就失去了光与热；但如果在生活中只有爱情而没有理智与事业，也就失去了辉煌与成就。要让爱情之花在事业的土壤中开放，而不要让爱情泛滥成洪水，把自己的生命淹没。

真正的爱，是千百次地牺牲自己换来对方的幸福，绝不能有一次以对方的牺牲来换取自己的快慰。要获得爱情的甜美，首先要使对方幸福，彼此在互爱中使感情逐步升华。

爱，是没有理由的，也是没有条件的。讲出理由的爱、讲条件的爱不是真爱，是交易，是出卖。真正的爱情，既是男女双方互相的征服，也是双方无条件的投诚。

金钱可以买到服从，但不能买到爱情。如果说金钱可以换来爱情，那么无钱时必然换来失恋。真正的爱情，不应该吞噬一个人的事业与理想，相反，应该鼓舞人，唤醒人内心沉睡着的力量和潜藏着的才能。

爱情，是一种复杂、圣洁、崇高的感情活动，它是由两颗心弹奏出来的和弦，而不是一方弹出的独奏曲。爱情需要的是一颗纯洁的心、专一而真挚的情感、共同的理想、共同的追求，这才是爱的真谛。一对有着共同的理想与追求的情意深笃的夫妇，总比一对占有巨大财富而离心离德的夫妻要幸福得多。

爱情是美好的，美好的爱情应有她的真谛、她的格调、她的哲理、她的道德。爱情的最初选择未必就是最好的选择。初恋的失败未必就是不幸。

爱的缔结，是两个精神的结合，两颗心合而为一，既要创建新的生活，创造新的生命，又要与落后、腐朽搏斗；同时，也要克服生活中的艰难、困苦与灾难……爱能使弱者增添力量，使强者更加坚强，使伟大的灵魂更加辉煌。

鲁迅先生说：爱情，必须时时更新。既然如此，互爱双方就应不断地相互增补“营养”，在滋润对方的同时也美化自己。爱的初期，彼此应当多看对方的缺点，以使爱多些理智；

爱得久了，双方都应多看对方的优点，以使爱更加浓郁。

托尔斯泰的见解是值得重视的：所谓的爱，就是从众多的人群中选择一个男人或一个女人，然后就绝不再顾及其他的异性。水性杨花、朝秦暮楚、见异思迁……都是不足取的。人的性爱是有排他性的。

莎士比亚颇有体会地说："爱得越深忧虑越多，一点小事也要担心，丁点儿的担心滋长起来时，深沉的爱也就由此可见了。"真诚相爱的双方，绝不会让对方忧虑与担心。爱情生活中，也是有嫉妒心理的，但它不是其他生活领域中见到别人超过自己时的嫉妒心理，而是一种特殊的心态，聪明人创造了一个独特的名词，称它为"醋意"，在它背后隐藏着的是一种深深的爱意。

智慧典范

西汉时期著名的文学家，有"赋圣"之称的司马相如，不仅给后人留下诸多文采斐然的传世篇章，也留下了他和才女卓文君的一段爱情佳话。

当时，司马相如还未显达，但已经才名卓著。有一次，他被当地富可敌国的巨商卓王孙邀请做客。席间，司马相如兴之所至，抚琴一曲，技惊四座。

司马相如弹唱的是一首《凤求凰》：凤兮凤兮归故乡，遨游四海求其凰。时未遇兮无所将，何悟今兮升斯堂！有艳淑女在闺房，室迩人遐毒我肠。何缘交颈为鸳鸯，胡颉颃兮共翱翔！凰兮凰兮从我栖，得托孳尾永为妃。交情通意心和谐，中夜相从知者谁？双翼俱起翻高飞，无感我思使余悲。

卓王孙之女卓文君被此曲深深打动。美丽且富有才华的卓文君，因为丈夫过世而孀居娘家。在怦然心动之后，她偷偷约见了司马相如。司马相如对卓文君也一见倾心，于是二人约定私奔。卓王孙听到女儿私奔的消息，大怒，发誓不认这个女儿。

卓文君与司马相如私奔后，由于生活拮据，不得不回到家乡，开了家酒馆谋生。卓文君当垆卖酒的事轰动当地，迫使极爱面子的卓王孙只好把他们接回家并接受了他们的婚事。

此后的生活中，卓文君始终把心思放在照顾丈夫上，而司马相如却更爱昔日那个钟情文学的妻子。于是，随着时间的流逝，二人之间的感情越来越淡漠。司马相如移情别恋，迷上了另一位才女。

卓文君得知此事后，认真回顾了自己和丈夫一路走来的情形。她觉得丈夫并没有完全变心，他只是厌倦了一个居家过日子的主妇，怀念从前那个可以与他在文学上有共鸣的妻子。她觉得要挽回丈夫的心，就要让他看到与平日不一样的自己。于是，她作《白头吟》，寄给丈夫：皑如山上雪，皎若云间月。闻君有两意，故来相决绝。今日斗酒会，明旦沟水头。躞蹀御沟上，沟水东西流。凄凄复凄凄，嫁娶不须啼。愿得一心人，白首不相离。竹竿何袅袅，鱼尾何簁簁！男儿重意气，何用钱刀为！

司马相如接到信件，惊喜又惭愧。他意识到自己的不对，便毅然斩断了情思，回到妻子身边。

成杰感悟

我很喜欢读鲁迅先生的小说。他曾经写过的唯一一篇爱情题材的小说《伤逝》，让我印象非常深。

小说中的主人公，子君和涓生，他们为了爱情而突破世俗观念，毅然决然地走到一起；却又因为种种原因而以悲剧收场。

许多人将涓生与子君的爱情悲剧归咎于时代与社会。其实不然，涓生与子君的爱情悲剧，归根结底就像鲁迅先生说的那样“爱情必须时时更新、生长、创造”，否则，初生的爱情之花，没有阳光、雨露的持续滋润，终会被生活的风沙摧残，最终凋谢。

《伤逝》这个故事里折射出的爱情观，值得我们深思与回味。爱情不是一个人对另一个生命的托付，它更是一种相互扶持、彼此依靠。能够持久的爱情，应该是让双方通过彼此，更好地看清世界，而不是为了彼此失去了自我。

人生伴侣：婚姻是爱的结合

智慧语录

记得有一次，我和爱人去吉林。快下车了，来接站的小王说：“李老师，为了接你们几位，我把结婚的事儿往后推迟了。”我们一听，特别不好意思，就说：“下车我就找你们领导，让你们明天就结婚！”

所以下车以后，我们找了两张红纸，一张写主婚人，一张写证婚人，我创造了一个词语，叫“兰芳碧坚”——内心世界像兰花一般芬芳，爱情像碧玉一般坚韧。当时用一张大宣纸写了一个条幅。后来，这个条幅在全国广受欢迎。

1998 年，我应邀到江苏昆山演讲。第一场是针对青年教师的，上台后，我写了一幅字："兰芳碧坚"，问他们："在座哪位教师最近要结婚，打个招呼，我把这条幅送给您。"

这时，有一男一女两位教师应声而起，男教师捷足先登，得到了这幅字。演讲结束以后，有人走上台，告诉我，那个没拿到条幅的女教师流着泪走了。我赶紧问："她在哪儿？我再写一幅送给她。"可惜，已经找不到这位女教师了。为这件事，我一直内疚。

第二场演讲是给机关青年做的。我这回做好了充分准备。刚好，也是两位青年，一男一女。当我祝福的话音刚落，又是男青年捷足先登。但是，女青年还没有流出泪水的时候，我把她叫住了："我还多写了一幅赠给您！"那位女青年又惊又喜，深深地鞠了一躬。

"兰芳碧坚"这四个字，可以说是我对婚姻的看法。我认为，婚姻是爱的结合。然而婚后需要互忍、互谅、互让，更重要的是互助。夫妻间仍能保持婚前的关怀与礼让，那样的生活就是人间天堂。

世界上有无爱的婚姻，世界上也有无果的爱情。人类的爱情与婚姻完全统一之日，就是人类家庭与社会更加美满和谐之时。人生就是这么奇妙，一些人有爱却不能结合，一些人无爱却结成婚姻。

有爱又成婚姻，是值得艳羡的，我赞誉它为"兰芳碧坚"。这才是检验真爱的尺度。

在爱情上应该坚贞。什么叫爱情？不同的人有着不同的回答。有人把它比作蜜汁，从中可以获得无限的幸福；有人把它比作苦酒，给人以痛苦和忧愁。这些无疑都是片面的。爱情是一种复杂、圣洁、崇高的情感活动，它关系到事业、理想和人生。它是由两颗心灵弹拨出来的和弦，而不是单独一方拨弄出的独奏曲。

如恩格斯所说，**爱情要以互爱为前提。**要获得真正的爱情，除了男女双方要有共同的思想基础之外，还要在性格、感情、志趣、气质等方面投合默契，互相倾慕，情真意切。它是由衷的、强烈的，来不得半点勉强与凑合。

爱情不是儿戏，不是可以买卖的商品，它需要的是两颗纯洁的心、专一而真挚的情感、共同的理想、共同的追求，这就是恋爱的真谛。

爱情的格调要高，还得注意恋爱文明，要保持爱情的纯洁性。根植在心田的爱情之花才是最持久最芬芳的啊！

智慧典范

在我党波澜壮阔、可歌可泣的斗争史上，曾发生过这样一幕感人的“刑场上的婚礼”，见证了两位共产党人对待革命事业和爱情的忠贞不渝。

1928年2月6日，广州黄花岗畔的刑场之上，周文雍、陈铁军这两位青年革命者，面对即将到来的死亡，无所畏惧地举行了一场特殊的结婚典礼。这两位烈士是当时我党领导广州起义的负责人。

陈铁军出身华侨商人家庭，在革命浪潮的冲击下，由一名大学生转变为关心国家、民族前途，积极参加进步活动的革命者，并且加入了共产党。周文雍则是中共广州市委工委书记，当时正秘密准备武装起义的事宜。

奉党的指示，周文雍和陈铁军假扮夫妻，建立秘密联络点。在紧张的工作中，两个人患难与共，产生了感情。但是他们都以事业为重，暂时放下了个人情感。在广州起义失败后，周文雍和陈铁军被叛徒出卖，被捕入狱。在狱中，他们坚持斗争，直到几个月后被押上刑场。

在刑场上，两位烈士昂首挺胸，向周围的群众宣布："我们要举行婚礼了，让反动派的枪声作为结婚的礼炮吧！"继而，一对革命情侣慷慨就义。

更多的时候，爱情所要面临的考验，往往不是生离死别，而是天灾人祸。比如，在十年"文革"期间，很多知识分子因为被批斗，他们的家庭也随之破裂。这样一来，那些能够患难与共的夫妻就显得益发可贵。

著名剧作家吴祖光，在"反右"时，因为仗义执言而被打成"右派"。后来，他又跟许多人一起被"充军发配"到北大荒。当时，他的妻子，著名戏剧演员新凤霞也受到牵连。很多人逼迫她跟“右派”丈夫划清界限，以“离婚”这一实际行动表明立场。

然而，新凤霞是个坚强的女性，她非但不与吴祖光离婚，并相信自己的丈夫：“你们认为他是坏人，我认为他是好人，他对我没坏啊！”吴祖光听到这个消息后，感动得热泪涟涟。

著名科学家童明周教授，在“文革”期间被打成“反动学术权威”。这个时候，不断有好心人或是别有用心的人，劝说他的夫人叶毓芬“跟老童划清界限”，并且说了他很多坏话。叶毓芬却坚定地回答：“我了解老童，他不是你们说的那种人！”

后来，“四人帮”被粉碎，童教授得到平反。有人曾问他：“那个艰难的岁月，你是怎么挺过来的？”他笑着回答：“最大的动力来自我的家人。我爱人信任我，给了我坚持下去的力量。”

成杰感悟

我始终相信：男女之间真正坚定不移的爱情，是建立在共同理想的基础上的。

众所周知，著名作家曹雪芹在《红楼梦》里，刻画了一段坚贞不渝的“木石良缘”。男女主人公贾宝玉和林黛玉，他们的真挚爱情，在数百年来一直感动着千千万万的读者。

书中，在宝玉面前，有两个爱情对象，一个是林黛玉，一个是薛宝钗。开始的时候，贾宝玉在爱情方面的确不够专一，他时而觉得黛玉妩媚，时而又觉得宝钗端庄，动摇在两个对象之间。

后来，为什么宝玉把爱情凝结在黛玉身上了呢？是因为他俩有共同的理想、共同的语言。这不仅仅是因为黛玉有妩媚的容貌，更主要的是黛玉追求的是高尚的精神生活，有与腐败的现实生活相悖的丰富的内心世界。

他们相亲相爱，黛玉每天用高尚的、纯洁的、专一的爱情影响着宝玉；宝玉每天也用自己美好的心灵影响着黛玉。这一对出身于封建贵族家庭的青年男女，走出了一条叛逆的真爱之路。

幸福圆满：善于创造所需所补即是一种幸福

智慧语录

我觉得自己这一生很幸运。因为我不仅拥有丰富的人生，而且拥有完满幸福的家庭。

有一次，记者采访我，我告诉他说："我们家是合理搭配，一个爸，一个妈，生了一个儿子、一个女儿，儿子又生了儿子，女儿又生了女儿。家里有教授，有医生，就像搭积木，严丝合缝，谁也离不开谁。"

我老伴是个多面手，是我的医生、营养师，还是工作助手。我每天要接收大量青年朋友的来信，最多一天 125 封，这些信多是老伴帮着拆阅整理，她会风趣地对别人自称是"李燕杰免费的一秘”。

这是我跟我老伴生活一辈子的幸福秘诀：相爱，而且互补。

恋爱的真谛：爱情关系到理想、事业和人生。幸福是什么？是临出门前的一句叮咛，是归家路上远远的一盏灯光；是早餐手边一杯暖暖的牛奶，是临睡前一个满满的拥抱。

幸福有多珍贵，让每个人从懂事便开始不停地寻找。有些人穷其一生，也只来得及看到别人所拥有的，什么万贯家财，什么娇妻美眷，艳羡中，庸庸碌碌匆匆老去，在叹息中阖上双眼。

其实，幸福像个淘气的孩子，当你用尽全力去追逐，它偏撒丫子跑得更快，让你望其项背而不得；而当你慢下脚步，调适好心情，它却悄悄地腻在你身边，暖暖地将你包围。

幸福的本质，不在于追逐，而在乎品位。要获得爱情的甜美，首先要使对方幸福，彼此在互爱中使感情逐步升华。

恋爱是没有模式的，世上没有两粒同样的砂，天上没有两颗同样的星，人间也没有同样模式的爱情。我欣赏这句话：痛苦中最高尚、最强烈、最个人的，乃是爱情的痛苦——最痛苦也最幸福。爱，如同烟波浩瀚的大海，深广莫测。美，如同哥德巴赫猜想，永无终极。追求爱、追求美，是人的天性，这种追求本身就蕴含着无尽的爱，无终极的美。

真正的爱，不单纯是拥有，而且还要有仰慕与互补。对男人来说，恋爱时不要当奴隶，结婚后不要做君王。男女之间友谊的进一步发展，会变成爱情；而男女之间的爱情，往往不能倒退为友谊。

男子汉应当具有的品质——“侠肝义胆”“剑魄诗魂”。爱，是一种感情，但也不完全是一种感情，它还包容着理智。因为真爱需要真知，只有真知才能真爱。对一个人、一件事、一份工作、一桩事业，无真知，则无真爱。无爱双方的结合是一种自我束缚：求爱是欺骗，结合是征服，离异是摆脱。

人与人之间的友情与爱意，一要有机会，二要靠缘分，无机无缘，只能说可遇而不可求了。一个男人或一个女人在一生中没爱过，是一大遗憾。一个女人或一个男人在一生中没有被人爱过，是更大的遗憾。爱是不需要回报的，正如古诗所说：一片清江水，中涵万古情。

爱情是一种责任、一种付出、一种奉献，不负责任的索取，不是爱情。爱情的魅力在于互爱双方把彼此的一切融为一体，和谐、纯洁又永相依存。建立于金钱基础上的爱情，随着金钱的消失，爱情也会消失；建立于色相基础上的爱情，随着色相的消失，爱情也会消失；建立于权势基础上的爱情，随着权势的消失，爱情也会消失。

爱情有一种无形的威力，它可以使愚笨的人变得聪明，它也能使聪明的人变得愚笨。

智慧典范

世界著名的科学家、发明家和企业家亚历山大·格拉汉姆·贝尔，把自己的一生献给了声学研究事业，并以发明电话而名垂青史。但是，更让人们津津乐道的，是他和妻子之间深厚的感情，以及在生活中彼此互补所营造的幸福。

贝尔的妻子米蓓尔是个失聪的残疾人。贝尔很爱他的妻子，四处奔波为妻子求医治病，并且自学了哑语，耐心地跟妻子用哑语沟通。很多次，他不惜耽误自己的研究工作。虽然他对此也很不甘心，但对妻子的爱胜过一切。

米蓓尔也是个温柔贤惠的女性，她知道自己的丈夫一生钟情于科学发明，正在研制可以利用电流通话的机器。为了能让丈夫集中精力从事他心爱的事业，她千方百计地做力所能及的家务，并逐渐娴熟地照顾贝尔的生活。

1876 年，贝尔经过不懈努力，终于研发出世界上第一部电话，并且因此成了举世公认的科学巨匠。谈及自己的成功，贝尔深情地说："我教我的妻子怎样'听懂'别人说话，而她却教我正确地认识和对待生活。这使我感受到了人生最美好的事情。"

另一对琴瑟和谐的夫妇，是著名的"不爱江山爱美人"的温莎公爵爱德华八世与沃利斯·辛普森夫人。他们的爱情故事可谓举世闻名。

沃利斯·辛普森是位美国女性，她嫁给第二任丈夫、英国商人欧内斯特之后，跟他一起回到英国。在当时上流社会的交际沙龙中，他们与后来的温莎公爵——当时还是亲王的爱德华结识了。此后，这对夫妇经常出现在亲王组织的各种活动中。

起初，爱德华亲王对沃利斯并没有太多关注。直到他与昔日的情人断了往来之后，便把注意力投向了沃利斯，并很快被这个 37 岁的女人深深迷住了。她的姿色并不出众，但是那种美国女性特有的独立精神，直率、乐观的性格，还有些许的幽默感，让内心孤独的爱德华亲王感到无比的亲近。他喜欢同她在一起，并且从她的品质中获得他要的幸福。

1936 年，亲王爱德华继位，成为爱德华八世。他对国家大事没有什么兴趣，很快就向王室宣布要和沃利斯结婚。这时，沃利斯还没有和丈夫欧内斯特离婚，所以爱德华八世的决定遭到英国王室和群臣的反对——英国人无论如何也接受不了这个现实：王后是一个美国人，而且结过两次婚！

在重重压力之下，爱德华八世决定牺牲王位，成全爱情。他顶着来自社会各界的压力，逊位成为温莎公爵，并于第二年在法国与沃利斯成婚。虽然失去了王位，但是他一点也不后悔，因为爱情给了他幸福。

成杰感悟

我们都有过类似的感受：夫妻之间，恋人之间，甚至是朋友之间，如果是性格互补型的，比如急性子与慢性子，粗心与细致，外向与内向……会相处得比较和谐。这是为什么呢？

这个问题，我们可以用著名的瑞士心理学家荣格提出的“互补定律”来回答。所谓“互补定律”，指的是人在需求、性格、兴趣、能力、思想观念等方面存在差异，当双方的需要和满足途径又正好成为互补关系时，彼此更会有吸引力。

荣格认为，每个人都具有“显性”与“隐性”两种不同的人格。比如，一个看上去非常活泼外向的人，实际上也潜藏着抑郁的一面；而一个平日里安静沉默的人，内心其实也有躁动不安的时候。

所以，当人们发现，和自己来往、相处的人具有自己的“隐形”性格的时候，内心是兴奋的。对方所体现出的正是自身潜意识里压抑着的性格特征。互补的因素可以增进人际吸引，使双方的关系更为协调，满足彼此的需求。

因此，我们在社会交往之中，可以利用“互补定律”来多多结识性格互补的朋友。

心宽体胖：保持乐观，有病而无痛

智慧语录

我66岁那年，有人告诫我，说："66岁一定要小心，'66，要掉一块肉'。中国人怕73、84，也怕66。"我当时不信。

有一天，我在市委开会，开着开着，右眼就看不见了。一出门，总是看到重影，来个小卧车变成两个，来一个人变成一双。我赶紧到同仁医院、协和医院、301医院、北京医院看了一圈。

结果，大夫说："李先生，您的右眼治不了啦，矫正也矫不了啦。估计要瞎，您别难过，别着急，别紧张，别悲观。"

我说："大夫，您放心吧！李燕杰瞎了一只眼算得了什么！走到台上往台下一看，就可以做到‘一目了然’。”

大夫都乐了：“哈哈，您这么想，就好了。”

2004 年，我被诊断出来患癌症，医生让我休息。但是我更愿意工作，乐观豁达地面对命运的挑战。虽然在病中，但是我一直保持平和的心态，“既来之，则安之”，安然处之，泰然待之，一切顺其自然，让正气压倒邪气，用正风压倒邪风。

那段时间，我总是这样对人说：“我是个年轻的老人，健康的病人！”那会儿，我满中国飞来飞去演讲。当知道我患病时，学员们都齐声要求我坐着讲课。我说不用，演讲家最好的归宿就是演讲台，真正的演讲家要站着讲到他生命的最后一刻，才是最完美的结束。

永远保持乐观态度，即可有病而无痛。正如那句名言：一种美好的心情，比十服良药更能解除生理上的疲惫和痛楚。癌就像帝国主义，你软它就硬，你硬它就软。你不把它当回事，它就会没事，但你如果把它当回事，那么它就会要了你的命。

疾病是人生必经的独木桥，但是它并不可怕。可怕的只是你自己的心态。生命中总会遭遇意外和不幸。在不幸面前，要保持一颗淡然的心。“莫听穿林打叶声，何妨吟啸且徐行。竹杖芒鞋轻胜马，谁怕？一蓑烟雨任平生。料峭春风吹酒醒，微冷，山头斜照却相迎。回首向来萧瑟处，归去，也无风雨也无晴。”

开开心心永远生活在乐观情绪之中，健康、愉快将伴随你走向成功。生活没有负担，是人生的幸福。而真正幸福的人，是以欢乐的心态战胜困难、走向成功的人。

面对变故时要保持一种积极向上的态度。即使害怕失去，也要将微笑挂在脸上。遇到变故或身处尴尬状态时，不要一味躲闪，手足无措，或者指责他人，而要自我解嘲，想办法改变现有的状态。这时候的你绝对不可以失去信心，甚至愤世嫉俗，一副看破红尘的样子。无论什么样的变故，都要把它看作自己的一次超越和重生，看作是上帝对自己的考验。

笑对人生、笑对困难、笑对失败，是乐观者的人生观。正如奔腾不息的江河，不会哀叹前途渺茫。英国前首相丘吉尔曾说：“为了避免烦恼或者大脑的过度紧张，我们都要有一些爱好。”苦不堪言的时候，爱好是最好的伴侣。

在遇到困苦时，在遇到灾难时，在遇到挫折时，在遇到人们难以承受的折磨时，能化险为夷，转危为安，使愁眉苦脸的人、欲哭无泪的人破涕为笑，这需要一种胸怀、一种智慧，这也是一种艺术，是一种做好人的艺术。

智慧典范

“有病而无痛”，当然不是说真的不会感到痛苦，而是说，坚强的人可以用乐观的精神，让自己不因为患病而痛苦不堪、意志消沉。古今中外，很多成功的人都会被疾病困扰，但是他们以其坚强、乐观的心态，做出了超出常人的成就。

美国总统富兰克林·罗斯福就是这样的人。39岁那年，罗斯福在海滨别墅扑灭一场火灾之后，兴奋地不顾自己汗流浃背，跳入海湾游泳，结果不幸患上了脊髓灰质炎（即小儿麻痹症）。

这场人生的玩笑太残酷了，让他难以忍受。先是两条腿完全失去知觉，然后瘫痪的症状向上身蔓延，他的脖子和双臂也失去了知觉。最让他难以承受的还是精神上的折磨——一个前程远大的资深律师、政客，却顿然间成了一个卧床不起、需要照料的残疾人！

罗斯福在度过最初的绝望之后，理智地控制住情绪，要战胜疾病！病痛没有压垮他，他就要乐观而镇静地面对病痛。虽然还是卧床不起，但是乐观的心态使得罗斯福又像从前那样生气勃勃了。

在医生的嘱咐下，罗斯福开始进行艰苦锻炼：他让人在草坪上架起了两根高低杠，每天都会在这两条杠子中间挪动身体几个小时；他给自己定下目标，拄着拐杖在公路上蹒跚着朝前走，每天多走几米；他还让人在床正上方的天花板上安装了两个吊环，靠这两个吊环坚持锻炼。

因为罗斯福的坚定和执着，他的身体日见好转，当医生给他安上了用皮革和钢制成的架子后，借助架子和拐杖，罗斯福可以凭身体与手臂的运动走路和站立起来讲话了。他开心不已，更加乐观了。

终于，罗斯福重新回到正常的工作中。病痛没能吓倒他，甚至在外人看来，他的精气神比一个健康人还要好。

正因为罗斯福在面对病痛时，表现出乐观向上的态度，不仅为他个人增加了自信，也赢得了别人的尊敬和信任，为他问鼎总统宝座奠定了基础。

如果说，罗斯福的病痛是命运突如其来的玩笑，那么，爱尔兰作家克里斯蒂·布朗的命运，却在出生时便注定是残酷的了。

克里斯蒂·布朗在刚出生时，便患有严重的大脑瘫痪症：他的脑部控制肌肉的神经受损，因此手臂扭曲软弱。如果没有外力支撑，他便无法运动。

直到5岁，小布朗还不会说话，而且他的头部、身躯、四肢都不能活动。几乎所有的人都认定小布朗将在痛苦中度过一辈子。

有一天，小布朗看到妹妹扔下的蜡笔，就用左脚夹了起来，在墙上涂鸦。这时母亲走进来，惊喜万分："上帝！他的左脚还能活动！"

母亲决定教孩子写字，出乎意料的是，小布朗只学了一天，就能用脚写出3个英文字母！几天之内，他就能把26个英文字母按顺序写下来。这令全家人感到异常高兴。母亲为儿子买来书籍，给小布朗阅读。

随着一天天长大，布朗学会说话了，他向妈妈提出写作的要求，说："妈妈，我可以用脚打字，我要成为全世界第一个用脚打字的人！"母亲感动于儿子的乐观、自信，为他买来一台旧打字机。

布朗把打字机放在地上，自己半躺在一把高椅上，用左脚按动键钮，着迷一样地写作。最初，由于脚趾掌握不好力度，布朗打出的字往往模糊不清。但是他一点也不灰心，仍然疯狂地练习，直到左脚趾上长出了厚厚的茧子。

乐观的态度给予了布朗信心，他不仅学会用脚打出清楚的字，还能熟练地给打字机上纸、退纸，以及整理文稿。之后，布朗便开始了自己的写作生涯。他躺在床上，静静地回忆，决定把自己的经历写下来，告诉那些残疾人和各种不幸的人，要坚强、乐观，不要屈服于命运开的残酷玩笑。

两个月后，布朗写出了小说的开头。母亲在仔细阅读后，泣不成声地说："孩子，妈妈为你骄傲，你一定会成功的！"布朗不知道克服了多少常人难以想象的困难，终于在 21 岁那年出版了第一部自传体小说《我的左脚》。

小说一经发表就轰动欧美，被改编成同名影片，并获得奥斯卡最佳影片奖。10 年后，布朗出版了又一部小说《生不逢时》，再次震动国内外文坛，畅销 20 多个国家。之后的岁月里，布朗先后出版了三部小说和三部诗集，成为享誉世界的文学大师，以及爱尔兰人民的骄傲。

成杰感悟

一个人，如果因为受到挫折和打击而变得沮丧灰心、精神萎靡，那么，就等于是精神上“死亡”了。这是一种极其可怕的状态。一个企业领导者，如果失去了积极乐观的精神状态，那同样意味着企业的没落和消亡。

人之所以为人，正是因为其具有灵魂、会思考、有精神。倘若没有灵魂、没有想法、没有精神，那无异于行尸走肉。所以，不想如同行尸走肉般活着，就要随时保持积极乐观的精神。

我做培训师以后，曾经尝试着天天面对镜子，告诉自己：“你是最棒的！”然后就打理整齐，冲出家门，开始一天的工作。正是积极乐观的心态，让我时刻保持着斗志。

积极乐观的心态，源自于一个人的本能反应，当一个人在危机情况下，最先想到的就是快些成就自己。以前，我讲课是免费的，再早些的时候，我一个人面对着滔滔黄浦江水训练，几乎没有观众。可是，当我真的可以站在最耀眼的舞台上的时候，慕名而来的听众总数高达百万人。这就是积极乐观的力量产生的结果。

成杰
巨海集团董事长
中国培训委员会副会长
上海巨海成杰公益基金会创始人
企业家、演说家、慈善家、畅销书作家

纵横天下的商业大智慧 创千秋伟业的十大法门

讲话积极正面、向上向善，就是在**传播正能量**

讲话消极负面、向下向恶，就是在**扩散负能量**

一语定乾坤·中国企业家的必修课

成杰老师在《一语定乾坤·总裁研讨会》现场